Maxime de Rostolan

EN AVANT !

L'optimisme pour cap

Michel LAFON

Retrouvez toutes les notes de bas de page
et références en ligne à l'adresse :
www.michel-lafon.fr/page/En-avant.html

118, avenue Achille-Peretti – CS 70024
92521 Neuilly-sur-Seine Cedex
www.michel-lafon.com

INTRODUCTION

Je n'ai pas quarante ans, et pourtant à l'échelle de ma vie j'ai déjà pu observer notre monde se dérégler. Les insectes et les glaciers disparaissent ; les paysages, sous couvert de progrès, se transforment et s'enlaidissent ; la solidarité et l'égalité vacillent face aux injonctions d'un modèle économique tout puissant ; le non-sens s'érige bel et bien en système. Notre civilisation, aussi insensé que cela puisse paraître, semble régresser.

Pas la peine d'être ingénieur pour comprendre que les chiffres agités par les scientifiques sur la situation écologique ont un avant-goût d'apocalypse, pas besoin d'être Coluche pour s'indigner d'une précarité qui tue jusque dans nos rues « civilisées », d'être Jane Goodall pour constater que les animaux sauvages s'éteignent à vitesse grand V ou d'être

Mère Teresa pour s'émouvoir des images de migrants qui se noient en tentant de fuir la misère ou de s'offrir un minimum d'avenir. Pas nécessaire, non plus, d'être Gandhi pour déplorer la banalisation de la répression des manifestations dans le monde ni d'être un champion de la Terre pour identifier l'origine du problème.

Elle est systémique.

Notre société et le modèle capitaliste, dont la boussole aimantée sur une croissance infinie impose l'unique direction envisageable, rendent l'âme. Et embarquent dans ce naufrage une bonne partie du monde vivant : nous assistons, et contribuons par nos modes de vie et notre manque de réaction, au premier écocide[1] de l'histoire.
Il faut arrêter de se mentir pour se rendre à l'évidence, le monde tel que nous l'avons connu est appelé à disparaître, et si ce triste constat résonne aujourd'hui comme une sentence, charge à nous d'imaginer un plan pour passer dans l'après, et non plus seulement courir à contretemps pour sauver ce qui peut l'être d'une planète qui fond d'un côté et brûle de l'autre.

---

1. Écocide : vient de *oïkos* (grec) = maison et *caedere* (latin) = tuer. C'est donc la destruction de notre maison commune, la Terre.

C'est ce que j'essaye de faire depuis plusieurs années.

Mais comme tout citoyen engagé, comme vous vraisemblablement, je doute. Tout le temps.

L'utilité des petits gestes ? Bien que j'en fasse le maximum pour viser la cohérence, je ne caresse aucune illusion sur leurs effets. Manger moins de viande, trier ses déchets ou boycotter Amazon et McDo, c'est indispensable et utile comme première marche accessible d'engagement, mais loin d'être suffisant[2]. Et, alors que je ressens un vrai plaisir à ne pas avoir pris l'avion depuis six ans, les bonnes pratiques restent généralement synonymes, dans l'imaginaire collectif, de privations et sacrifices.

---

2. Pour s'en convaincre en deux infographies : découvrez d'abord les efforts que chacun devrait faire pour que, collectivement, nous tenions un objectif de +1,5° C d'ici 2100 (a) ; constatez ensuite que si nous adoptions, tous, ces bonnes pratiques (ce qui serait héroïque au vu des préconisations), cela ne représenterait qu'un quart de l'effort global, les 75 % restants incombant aux entreprises et aux États (b).

a. Étude de B&L évolution : https://www.novethic.fr/actualite/environnement/climat/isr-rse/infographie-interdiction-d-acheter-une-voiture-neuve-ou-de-prendre-un-long-courrier-couvre-feu-thermique-quotas-sur-les-produits-importes-les-mesures-chocs-pour-rester-sous-1-5-c-146877.html

b. Étude de Carbone 4 : https://www.carbone4.com/publication-faire-sa-part/

Sentiment frustrant d'une posture erratique qui laisse la porte ouverte à des rechutes dans le monde du confort et du « foutus pour foutus, autant se faire plaisir » !

L'humanité est-elle digne d'être sauvée ? Il y a de quoi se poser la question. En parcourant les tweets névrotiques de Trump ou les mensonges patentés de Bolsonaro, en constatant la désinvolture indigne du Premier ministre australien parti en vacances à Hawaï alors que son pays s'embrasait, les déclarations sexistes au plus haut sommet des États… je repense aux poncifs « On a les politiques que l'on mérite » ou encore « Tout le monde est responsable ». Personnellement, je n'ai pas vraiment l'impression de leur ressembler ni d'être concerné. Mais si ces clichés sont sociologiquement avérés, si les dérives de nos dirigeants sont réellement le miroir des habitudes citoyennes, il conviendrait en effet de se demander si notre planète ne nous saurait pas gré de disparaître.

D'ailleurs, n'est-il pas trop tard pour s'en sortir ? Toutes les publications scientifiques sérieuses laissent à penser que la fenêtre des +2° C à horizon 2100 est refermée, et depuis le rapport « Les limites de la croissance » du Club de Rome de 1972[3], nous observons systématiquement que les pires prévisions sont toujours surclassées par la réalité, les dernières qui annoncent une hausse potentielle de 6 à 7° C[4] ont de quoi faire froid… dans le dos. Pour autant, il m'apparaîtrait irresponsable, ne serait-ce qu'à l'égard de mes enfants, de perdre espoir et baisser les bras. D'autant que les dérèglements climatiques et conflits sociaux à redouter, en particulier ceux liés aux migrations, s'ils restent gérables à +2° C, ne le seront plus et se transformeront en un chaos inouï à +5° C.

Réalités

Alors, comme beaucoup, je tisse le fil de mon existence avec cette crise de civilisation pour toile de fond. La réalité se dessine au gré des jours qui passent, nos champs d'action m'apparaissent tantôt infimes tantôt infinis selon l'humeur et aussi, avouons-le, le désespoir que charrie le flot d'actualités. Résolument optimiste, je parviens malgré tout à rester dans une dynamique créative ponctuée d'expériences, louvoyant d'un monde à l'autre, de la terre au politique, pour me frotter aux limites du système

---

3. http://www.clubofrome.org/report/the-limits-to-growth/

4. http://www.copenhagendiagnosis.com/

et remonter la piste de ses dysfonctionnements. Au premier rang desquels l'injustice, qui implique que seuls quelques privilégiés ont la possibilité de se pencher sur ces sujets, ce qui accentue de fait leur responsabilité.

Qui, parmi eux, ne regarde pas le cours et les signaux de l'histoire, ne s'intéresse pas à la pièce qui se joue là sous nos yeux ou se replie dans le déni pour se protéger, pourra dans sa bulle ignorer encore quelques temps le tragique ambiant. Et vivre insouciant comme un enfant à qui tout est promis. Avant, c'est malheureusement inévitable, d'être frappé de plein fouet par un banc de plastique sur une plage, un buffet de pesticides à sa table, un virus corollaire de nos modes de vie, un vent d'épouvante sur ses pistes de ski fondues, une grenade de désencerclement perdue.

Unité

Pour ne pas passer la seule vie que j'ai à me prendre des murs et observer notre société dérailler, je trouve refuge dans la consolation du faire-quand-même, de tentatives de bouger les lignes même si c'est seulement à la marge, petits pas de côté pour rester debout et poser quelques jalons positifs, pis-aller d'une existence en quête de sens. Rien n'est facile, tout est fragile. Mais comme cet homme tombant d'un immeuble qui à chaque étage se répète « jusqu'ici, tout va bien », pourquoi ne pas profiter de la chute pour se donner la main et essayer d'apprendre à voler, ensemble ?

Qui pense que le rapport de force ou la résignation sont nos seules options, qui espère changer le monde par la violence, qui imagine provoquer un sursaut en opposant les stratégies, peut bien suivre ces pistes. Chacun est libre de choisir son mode d'action, mais pour ma part je ne crois pas dans ces voies qui m'angoissent. Personne n'ayant de solution miracle à proposer, il me semble que l'intelligence collective et l'unité font partie des meilleures cartes de notre main.

Présent(s)

Demain se construit ici et maintenant. Sinon quand ? L'environnement est le paravent de notre propre condition. Les dégradations qu'on inflige à la nature sont le reflet des tensions qui nous déchirent, tous, et s'il est important de préserver notre maison commune, elle sera toujours en désordre tant que nous n'aurons pas atteint, nous-mêmes, la paix et l'harmonie. Et ce n'est pas aux moments où tout va bien qu'il faut réserver la grâce et la tendresse,

c'est en les imposant pendant la tempête qu'elles deviendront forces d'équilibre.
Pour que les lendemains chantent, mieux vaut les avoir conçus en étant inspiré, aligné, bienveillant.

Qui ne voit que l'action comme moyen d'avancer, qui cherche la beauté dans les paillettes, qui pense que recevoir est aussi important que donner, que désobéir est mal… a beaucoup de chance : il a assurément tort et donc face à lui des univers fantastiques à découvrir.

En avant
Les générations à venir se feront une belle jambe du « Pourquoi ? » de l'effondrement. Elles se ficheront bien des raisons pour lesquelles notre maison a été saccagée : elles ont le droit et besoin d'envisager un futur, de s'inscrire dans une direction, et s'il est évident que celle dont nous héritons aujourd'hui nous précipite dans une impasse, surmontons cette fatalité en créant de nouveaux espaces d'actions, en provoquant notre destin, en rallumant quelques phares précieux dans l'obscurité de ce monde. Lançons des chantiers d'intérêt partagé. Pas de ceux qui doivent tout déconstruire pour émerger ou qui attendent d'être parfaits pour s'activer, mais des initiatives simples et pures qui sauront nous

unir, dans notre volonté d'être humains. La vie est une fête, rien ne nous interdit de l'aborder comme un jeu avec des défis à relever collectivement.

Qui pense que les solutions arrivent, que l'avenir est la suite logique du passé et que la vie doit sonner au diapason du présent, qui estime que l'insouciance et l'inconsistance sont des constantes inébranlables de générations, ne trouvera vraisemblablement aucun intérêt à lire cet essai. Il est une invitation à faire son deuil de certains acquis, de réalités condamnées, une incitation à se reprogrammer, se reconditionner, à admettre que quels que soient les contours de notre monde, la capacité à ressentir, être et agir ne dépend de rien d'autre que de chacun de nous.

Tout est à créer, c'est le chantier d'une génération, d'une civilisation.

De lectures en expériences, de paris fous en rencontres improbables, d'échecs répétés en petites avancées, le témoignage et les pistes de réflexion que je livre dans ces pages ont pour ambition d'illustrer que les crises que nous traversons, qui dissimulent le plus grand défi de l'humanité, sont l'opportunité, une fois leur caractère déprimant et irrémédiable digéré, de se réinventer pour se projeter dans un futur désirable, résilient. Et, forts de notre indignation et de notre détermination, de balancer de gros pavés dans toutes les mares tiédasses du *statu quo*.

PARTIE 1

Réalités

> « *Être un homme, c'est transformer l'expérience en conscience.* »
>
> André Malraux

Depuis tout petit, j'aime la vie.
Chaque seconde passée sur cette terre est un cadeau inexplicable et je remercie les forces supérieures, ou peut-être la combinaison de facteurs physico-chimiques, qui nous permettent de vivre cette expérience unique. Sans l'avoir choisi, j'ai eu la chance de naître du bon côté, dans un pays en paix, avec des parents aimants et n'ai jamais connu l'angoisse de manquer des moyens de subsistance élémentaires, qui marque le quotidien de dizaines de millions d'humains moins bien lotis.

Pour autant, ma sensibilité a très tôt été mise à rude épreuve par les images du monde qui nous entoure et je n'ai jamais tenu ou réussi, comme d'autres y parviennent manifestement, à détourner le regard et faire comme si de rien n'était.

Qu'il s'agisse d'un être humain dormant pieds nus sur un lit de cartons en pleine rue dans le froid de l'hiver, de détritus en pagaille souillant les bords de route et les forêts, d'animaux innocents que l'on tue par milliards à quelques pourcents de leur espérance de vie, de lanceurs d'alerte que l'on traite comme devraient l'être les criminels qu'ils dénoncent, tout cela m'indigne, me révolte, jusqu'à parfois me donner la nausée.

Me sentant submergé par toutes les misères et dérives du monde, ma ligne de conduite a toujours été d'en faire le plus possible, d'aller au front et de me frotter à ces réalités pour être acteur d'éventuelles améliorations, plutôt que spectateur en colère de l'inacceptable.

– 1 –

De pied ferme

Mes mains, qui n'avaient jamais réalisé le potentiel de leurs dix doigts commençaient, dans la terre, à prendre l'allure de celles des travailleurs, les vrais. Pour un citadin de naissance, plutôt habitué au clavier d'ordinateur qu'à la fourche-bêche, ça fait tout drôle.

En débutant une nouvelle saison à la ferme, je constatai presque avec fierté qu'une couche de peau résistante comme de la corne s'était formée sur mes paumes, que le noir sous mes ongles ne disparaissait plus, que de nouveaux muscles que je ne me soupçonnais pas étaient apparus…

Mais c'était moins physiquement que dans ma manière de penser que les changements se révélaient plus prégnants. Moi qui m'étais laissé séduire par l'adage chéri des écologistes « Penser global et agir local », je réalisais en effet que la vérité se situait peut-être à

l'exact opposé : maintenant que *j'agissais local*, je me demandais à quoi cultiver son petit bout de terrain pouvait bien servir au regard des dysfonctionnements sociétaux « macro » qui détraquent le système.
Comme beaucoup de citoyens qui réfléchissent à l'état du monde, j'en étais arrivé à la conclusion que parmi les innombrables problèmes de notre société, l'alimentation s'impose comme l'enjeu primordial. À terme, je ne suis pas sûr que l'on aura vraiment besoin d'un iPad, de 30 kilos de vêtements par an, de s'évader sous les tropiques en hiver, de la 5G ou de SUV… en revanche nous aurons toujours besoin de manger.

À l'époque où je m'initiais au biomimétisme – l'art de s'inspirer de la nature et des « technologies » déployées par le vivant depuis des milliards d'années –, j'avais découvert dans le livre de Janine Benyus[5] une citation qui achevait de me convaincre : « *Si, en tant que pays ou réseau mondial de communautés, nous sommes vraiment acquis à la durabilité, dans tous les domaines, alors l'agriculture doit figurer tout en haut de notre liste de priorités, constituer le premier repas du nouveau jour.* » Autrement dit, le modèle alimentaire doit être appréhendé comme le socle sur lequel ériger un nouveau paradigme.

---

5. *Biomimétisme*, Janine M. Benyus, Éditions Harmonia Mundi, 2011.

J'ai donc choisi de creuser ce sujet en me rapprochant du monde paysan et notamment de ma sœur, Camille, paysanne-boulangère et auparavant éleveuse dans la Manche. Ayant grandi comme moi en région parisienne, cette vocation étonnante car peu banale dans notre milieu l'avait frappée comme une évidence dès l'âge de dix-sept ans, et elle avait franchi toutes les étapes jusqu'à devenir agricultrice bio et heureuse de l'être.

En 2010, une autre ferme normande, inspirée de la permaculture et connue sous le nom de Bec-Hellouin, commençait à faire parler d'elle et je me résolus à y passer du temps, pour suivre leurs formations et apprendre dans les champs. Sujet d'étude pour des chercheurs d'AgroParisTech, elle affichait des résultats stupéfiants : une parcelle de 1 000 m² de légumes cultivée de manière bio-intensive permettait de dégager un chiffre d'affaires de 50 000 euros[6]. De quoi rémunérer une personne alors que des dizaines d'hectares exploités de manière industrielle en ayant recours à la chimie ne parviennent pas toujours à faire vivre décemment un agriculteur.

---

6. https://www.inrae.fr/actualites/ferme-du-bec-hellouin-beaute-rend-productif

Un an et demi pour passer un brevet professionnel[7], et quelques négociations familiales plus tard, je décidai donc de quitter Paris et la vie de bureau pour créer à mon tour une microferme, expérimentale : en faisant suivre le processus *from scratch*[8] par un comité scientifique, l'objectif était de prouver que l'agriculture naturelle – ou agroécologie – était plus rentable que l'agriculture dite « conventionnelle » (que je rechigne toujours à nommer ainsi pour n'avoir jamais vu aucune convention signée à ce propos). Et tenter de démontrer *in situ* qu'un néo-rural, sans héritage paysan, pouvait tout à fait mener un tel projet à bien.

Louis Albert de Broglie alias le prince jardinier, avec qui je travaillais depuis six ans à concevoir des outils pédagogiques sur le développement durable, mit à la disposition de ce projet son expérience de chef d'entreprise, son réseau et une parcelle d'un hectare et demi dans son domaine de la Bourdaisière, en Touraine, accolée au Conservatoire national de la tomate et ses 700 variétés.

---

7. BP-REA : Brevet professionnel de responsable d'exploitation agricole, spécialité maraîchage biologique.

8. *From scratch* : à partir de zéro.

Ce qui ne servait que de parking deux fois par an pour la Fête des plantes devint alors en quelques mois une charmante petite ferme maraîchère, avec ses serres, ses outils, ses planches de culture, ses arbres fruitiers, sa mare, son poulailler, ses paniers hebdomadaires de légumes… Aidé par Grégoire, embauché pour le projet, je découvris un monde que j'aurais pu ignorer jusqu'à la fin de ma vie. Et pourtant, je mange 1000 fois par an.

Jour après jour, nous voyions littéralement les fruits de notre travail prendre forme.

Préparer la terre, semer, arroser, repiquer, désherber, tailler, récolter, laver, conditionner, livrer, et recommencer. Quoi de plus logique, finalement ? Quoi de plus vital surtout… ? À plus de trente ans, je me frottais à des réalités malheureusement oubliées de l'actuel commun des mortels : celles des saisons, du lien à la terre, des cycles de la vie et de la matière, du labeur physique, d'un travail pratique. Quelle joie d'œuvrer au grand air, de goûter à l'autonomie, d'apprécier le soutien des coccinelles ou des vers de terre, d'apprendre que tomates et basilic se complètent aussi bien au champ que dans l'assiette, que les haricots n'aiment guère la compagnie des oignons, que pour des clients heureux mieux vaut buter les poireaux[9]. En quelques mois, j'étais devenu un autre, je m'étais offert un nouveau cadre.

Petite précision au passage : la permaculture, souvent réduite à une technique agricole, est en réalité bien plus. C'est une méthode de conception d'écosystèmes humains équilibrés. L'idée phare est de prendre soin de la terre, des hommes, et de distribuer équitablement les ressources ; un véritable projet de société en somme, que l'on aimerait voir porté par tous les dirigeants, qu'ils soient à la tête d'entreprises ou de territoires… car quelle plus belle ambition pourraient-ils avoir que de créer grâce à leur mandat des « écosystèmes humains équilibrés » ? Si la représentation la plus commune et concrète de la permaculture prend la forme d'un jardin potager diversifié, avec des arbres et des poules comme symboles du principe « un élément remplit plusieurs fonctions[10] », elle gagnerait toutefois

9. Plus la base du poireau est entourée de terre, plus la partie blanche – le fût – est grande, et c'est ce que les gens aiment en général !

10. Une poule rend en effet énormément de services à la ferme : elle fait des œufs, débarrasse des limaces, insectes et autres larves nuisibles, désherbe en grattant le sol, fertilise par ses déjections, fournit de la viande à ceux qui en mangent encore, peut contribuer à chauffer une serre…
Maintenant, à vous de faire le même exercice avec l'exemple de l'arbre en trouvant toutes ses fonctions !

à sortir de ce périmètre pour s'établir comme une philosophie, une éthique qui nous servirait de ligne de conduite sociétale, un nouveau cadre justement.

Cette ambition transparut rapidement dans la vision de Fermes d'Avenir, association créée pour porter cette première ferme qui, naturellement, décida de s'investir d'une mission bien plus large. Car bien entendu, je souscris en partie à l'idéal entretenu par de nombreux écologistes, d'un monde où chaque famille produirait sa propre nourriture et n'aurait plus à s'approvisionner en produits industriels dans les supermarchés. Mais le réalisme me force cependant à admettre qu'avec 75 % de l'alimentation achetée aujourd'hui en grandes surfaces[11], cet objectif relève de la franche utopie. Que l'expérience que nous menions, en veillant à la médiatiser pour la rendre inspirante, contribue à convaincre des gens de se lancer eux-mêmes dans une telle aventure, était une belle récompense ; mais nous réalisions qu'elle ne pourrait pas « changer le monde ». Ce n'était qu'une infime contribution, et bien que j'apprécie la légende du colibri qui aide à sa mesure à éteindre l'incendie en versant dessus quelques gouttes, la situation globale de la planète me paraissait mériter qu'on s'y attèle plutôt à coups de canadairs.

---

11. https://www.insee.fr/fr/statistiques/1283665

Alors que les saisons passaient et que notre chiffre d'affaires croissait à allure modeste, nul ne pouvait nier les bienfaits de l'expérience : ce qui ressemblait auparavant à un terrain de foot s'était transformé en un espace foisonnant, plein de plantes et de vie, le taux de matière organique, assurant la fertilité naturelle du sol, avait grimpé en flèche et les clients étaient ravis de se fournir en si bons légumes à deux pas de chez eux. Convaincu du bien-fondé de la démarche, avant les quatre ans prévus pour atteindre l'équilibre économique, je décidai de constituer une équipe pour développer de nouveaux programmes afin de promouvoir l'agroécologie qui, selon la belle formule d'Olivier de Schutter, rapporteur principal de la FAO [12] auprès de l'Onu, « n'est pas une solution, mais la seule ».

Financement

Puisque les banques « conventionnelles » n'investissent et ne prêtent qu'à l'agriculture… « conventionnelle », nous avons donc monté une plateforme de financement participatif entièrement dédiée aux projets alimentaires durables, Blue Bees [13]. Puis

---

12. Food and Agriculture Organisation.

13. www.bluebees.fr . Avec ses 60 000 membres, le site a permis de lever 7,5 millions d'euros depuis 2015 et de financer près de 450 projets agricoles et alimentaires, en prêt ou don.

décidé de rajouter une couche en lançant le concours Fermes d'Avenir, qui a récompensé depuis 2015 près de 170 agriculteurs en leur distribuant 1,7 million d'euros. Outre le coup de pouce appréciable octroyé, l'objectif était de réhabiliter le métier en braquant les projecteurs sur des paysans passionnés.

Alors que la moitié des 470 000 agriculteurs français seront en âge de partir à la retraite d'ici 2025[14], il apparaît en effet plus que jamais urgent de susciter de nouvelles vocations, de créer l'envie et la reconnaissance sociale pour cette profession qui s'occupe de nourrir les autres, d'autant qu'elle contribue aussi à produire de l'eau pure grâce à des sols en bonne santé, à capter du carbone, protéger le vivant, à dynamiser les campagnes qui se meurent, à entretenir nos si beaux paysages. Mettre toutes ces nobles missions en lumière aidera à redorer le blason d'une profession qui se sent parfois mal aimée de la population. Désamour qui trouve aujourd'hui son paroxysme dans ce qu'on appelle l'*agribashing*, qui est en réalité un combat contre un système et évidemment pas contre les paysans, premières victimes dudit système.

---

14. https://www.terre-net.fr/actualite-agricole/economie-social/article/face-au-defi-des-departs-en-retraite-massifs-d-agriculteurs-dans-les-10-ans-202-149212.html

Ces concours ont contribué à étoffer le narratif selon lequel être agriculteur ne signifie pas forcément être seul sur un gros tracteur dans des champs à perte de vue, ni subir la vie courbé sur la terre conformément à l'image d'Épinal. Ils ont mis à l'honneur les alternatives souriantes de la nouvelle génération qui entend pratiquer ce métier différemment.

Formation

Rapidement, pour satisfaire la forte demande des « Nima[15] » en peine de cursus adapté, nous avons lancé plusieurs programmes d'accompagnement : pour aménager son potager, tailler les arbres, faire son compost, ou créer sa microferme, mais aussi pour devenir « payculteur ». Ce néologisme de notre invention désigne le métier d'ingénieur de « projets alimentaires territoriaux » ; ces entrepreneurs activistes se donnent pour mission de déployer ou catalyser des initiatives locales en fonction du terroir et des acteurs désireux de s'y engager. Nous avons également échafaudé un programme de compagnonnage, pour parfaire le parcours pédagogique de futurs maraîchers en les envoyant un an durant dans des fermes-hôtes, et y avons même assorti une dimension solidaire en

15. Non-Issus du monde agricole.

proposant à des réfugiés d'intégrer le cursus, ce que des travailleurs sociaux nous ont aidés à mettre en place avec succès.
Tout du moins, cela fonctionne assurément mieux que de les bloquer à nos frontières, les laisser dériver sur des bateaux de secours en mer ou les parquer sous le périph'.

Recherche
Pressentant que les résultats de la ferme de la Bourdaisière ne seraient pas aussi fantastiques que ceux du Bec-Hellouin, et curieux d'aller découvrir et appréhender d'autres fermes remarquables, nous avons décidé d'organiser un tour de France de l'agroécologie : pendant trois mois d'été, une équipe de 40 permanents et plusieurs centaines de bénévoles au total auront parcouru nos campagnes pour visiter 220 fermes en tous genres, toujours inspirantes mais aux modèles économiques divers. Certaines s'en sortant mieux que d'autres, une constante notable étant que l'argent n'était pas la priorité. Bien sûr, aucun paysan ne se déclarait rétif à l'idée de gagner plus, mais tous assumaient ce choix de vie tourné vers la nature, l'autonomie, la cohérence, la sobriété et les liens humains.
Si un Jean-Martin Fortier, incontournable « star » du maraîchage au Québec et auteur d'un best-seller

traduit en plusieurs langues[16], peut s'enorgueillir de rendements exceptionnels et d'un excédent brut d'exploitation à faire pâlir les meilleurs entrepreneurs tous secteurs confondus, nous n'avons pas trouvé dans l'Hexagone d'équivalent en termes de productivité, de technicité, de résultats financiers.

Dans notre expérimentation, les maraîchers embauchés pour me remplacer à la ferme de la Bourdaisière dès la deuxième année – afin que je puisse me consacrer aux autres activités de l'association – étaient au régime classique des 35 heures, payés un peu plus du Smic et leurs heures supplémentaires rémunérées. Ce parti pris est assumé, car je n'imagine pas une seconde de voir des dizaines de milliers de jeunes manifester leur souhait de devenir paysan sans des conditions de travail désirables, ou un minimum décentes par rapport aux autres métiers. Pour autant, les maraîchers bio français gagnant en moyenne 740 euros par mois[17] en ne comptant pas leur temps, je commençais à me faire à une réalité que j'aurais pourtant aimé battre en brèche : il n'y a pas de recette magique,

---

16. *Le Jardinier-Maraîcher*, Jean-Martin Fortier, Écosociété, 2012 (2nde éd. 2015).

17. https://www.ouest-france.fr/normandie/les-maraichers-bio-pas-riches-mais-heureux-3926229

dans notre modèle économique capitaliste et libéral, pour rendre les paysans riches… et la permaculture, bien qu'elle permette d'augmenter quelque peu son efficacité et son indépendance aux intrants extérieurs, n'allait pas tout bouleverser. Ce n'est pas sa promesse du reste.

Peu à peu, l'expérience, qui présentait le mérite d'avoir illustré en conditions réelles le potentiel et les limites d'une ferme version « salarié », commença à susciter des critiques. Aux voix encourageantes de ceux qui, pour monter leur projet, s'inspiraient de notre aventure quels que soient ses résultats tant qu'ils étaient transparents, vinrent se mêler celles des thuriféraires du secteur agricole « conventionnel », nous reprochant de vendre du rêve sans preuves de la moindre rentabilité.

Dès la fin de la deuxième saison, j'écrivais dans la gazette annuelle[18] et sur les réseaux sociaux que, malgré nos efforts, la perspective d'équilibre économique que nous envisagions s'éloignait de notre ligne de mire[19]. L'interdiction de construire un bâtiment professionnel

---

18. https://fermesdavenir.org/wp-content/uploads/2017/06/Gazette-2016-bdef.pdf, page 2.

19. https://fermesdavenir.org/viabilite

prononcée par les ABF[20], les expérimentations techniques grandeur nature menées en parallèle (cave semi-enterrée, serres mobiles ou bioclimatiques), l'afflux de visiteurs et de demandes de formation sont venus alourdir un bilan déjà fragilisé par le mode salarial. Nous aurions préféré attester de la rentabilité de l'agroécologie malgré la configuration, mais nous nous consolions en réalisant qu'être rentable dans un cadre délétère, dans un système économique vicié, n'aurait pas forcément été une bonne nouvelle.

Le projet Fermes d'Avenir opéra alors une première mue pour concentrer son énergie sur l'étude objective des modèles économiques agricoles, sur les pressions de tous ordres exercées par les acteurs en aval des filières, qui n'ont visiblement pas les mêmes difficultés de fins de mois que les paysans, ainsi que sur les leviers politiques à activer.

Nous n'interrompîmes pas pour autant l'aventure de la Bourdaisière dont l'horizon initial était fixé à quatre ans avec les partenaires : elle offrait en tout

---

20. Architectes des bâtiments de France. Comme la ferme se situait au cœur d'un monument historique, tous les permis de construire devaient être validés par les ABF, qui n'étaient pas particulièrement favorables à l'apparition d'un corps de ferme dans le château.

état de cause un formidable lieu d'expérimentation pour tester de nouvelles techniques, accueillir des formations et bien sûr produire de bons légumes[21].

*

* *

L'agriculture biologique, l'agroécologie ou encore la permaculture fonctionnent très bien, sur le papier et dans les champs : leurs pratiques inspirées des cycles naturels sont éprouvées et suscitent des vocations bien au-delà des familles paysannes. Le souci, malheureusement, est que la mise en œuvre de ces méthodes se frotte aux injonctions de la doctrine économique dominante, qui valorise presque exclusivement des projets à fort investissement et dépendants d'autres secteurs pour fonctionner (équipements technologiques, intrants[22], transformation, marketing, distribution...).

---

21. Après 6 ans néanmoins, début 2020, le Groupe SOS (que l'association Fermes d'Avenir a rejoint en 2016) décida d'arrêter les frais et de se désinvestir de l'expérience : la ferme n'existe donc plus en tant que telle mais Louis Albert de Broglie ne tardera certainement pas à affecter à cette parcelle une nouvelle mission.

22. Les intrants sont les produits non naturels, que l'on ne trouve pas dans les sols, et qui sont ajoutés manuellement dans le but d'optimiser la qualité et le rendement de la culture (les engrais et les pesticides par exemple).

– 2 –

La tête dans le mirage

Optimistes, nous le sommes et le resterons.
Rater le premier essai, c'est comme pour les crêpes : pratiquement une règle.
Si une solution aussi simple, ou plutôt lisible, que s'affranchir du pétrole, associer les bonnes plantes, densifier ses cultures et vendre sans intermédiaires, permettait de nourrir la population en rémunérant correctement les paysans, elle aurait été déployée depuis longtemps. Lobbies ou pas.

Cependant le cours de l'histoire, avec une appropriation croissante des enjeux par les citoyens et une demande de toujours plus de bio, semblait coïncider avec notre démarche. Il convenait donc d'essayer d'attaquer le problème par un autre angle que celui de l'expérimentation, de trouver la (ou une) faille dans le système : il y a forcément une raison qui explique que le modèle agricole dominant couvre 90 % de nos campagnes et continue d'étendre son emprise sur les zones rurales du monde entier. Identifions ce qui favorise cette tendance pour nous mettre en position d'imaginer une alternative qui la fera passer de mode, d'intérêt, trouvons une formule pour généraliser cette agriculture sans pesticides, belle et écologique, que nous sommes une majorité à désirer[23] et que d'aucuns s'emploient héroïquement à faire survivre contre vents et pulvés[24].

Plus je me frottais aux chiffres clés de l'agriculture chimique, plus ils me paraissaient insensés. Il devenait essentiel, pour moi comme pour le comité scientifique qui accompagnait le projet Fermes d'Avenir, de les interroger. Nous confiâmes à deux ingénieures le soin de récupérer les publications de chercheurs, de rencontrer des experts et de compiler leurs analyses concernant les performances et externalités de l'agriculture. Au bout d'un an

---

23. Selon un sondage Ifop réalisé en septembre 2016, 83% des Français sont favorables à l'instauration de zones sans pesticides.
https://www.generations-futures.fr/wp-content/uploads/2016/09/114192-Rapport-bande-pesticides.pdf

24. Petit nom des pulvérisateurs.

d'enquête, le plaidoyer Fermes d'Avenir[25] permit ainsi d'objectiver les informations selon cinq grands ensembles : les rendements agricoles, les bénéfices économiques pour le territoire, les impacts en matière d'environnement, de santé, et enfin l'incidence sur le capital social et humain.
Comme une invitation à aller plus loin, les auteures du rapport Hélène Le Teno et Sophie Danlos consacrèrent un dernier chapitre aux limites du contexte législatif d'alors, l'assortissant de propositions pour le faire évoluer dans le bon sens… mais je vous reparlerai de tout cela plus tard[26].

La conclusion générale de ce plaidoyer de 140 pages était que l'agriculture industrielle française nous coûte, collectivement, bien plus cher qu'elle ne le laisse croire. La facture des dégâts induits par ce modèle, s'il était possible de les chiffrer précisément et de les rassembler dans un tableau, serait bien trop élevée pour que quiconque le défende.

« S'il était possible de les chiffrer », dis-je, car nous ne savons évidemment pas évaluer, aujourd'hui, combien

25. https://fermesdavenir.org/fermes-davenir/pole-influence/plaidoyer

26. Cf. chapitre 5.

coûteront aux générations qui devront s'emparer de ces sujets pour assurer leur survie – si tant est que cela ne soit pas déjà la nôtre – la séquestration de gigatonnes de GES[27] émises par l'agriculture, entre autres, et qui saturent l'atmosphère, ou la régénération de milliards d'hectares d'écosystèmes naturels détruits par nos inconscientes pratiques. Pas plus que nous ne savons combien nos enfants devront dépenser pour pallier la disparition des insectes pollinisateurs ou pour ressusciter les sols dégradés devenus stériles.

Savoir estimer le préjudice en termes de santé avec par exemple l'explosion des cas d'autisme ou de cancers, ou le coût de la dépollution des nappes phréatiques bourrées de nitrates, n'implique pas qu'on le fasse. À l'échelle mondiale, on parle de centaines de milliards d'euros par an à moyen terme[28].

Toutes ces conséquences invisibles, impalpables et diffuses, sont consciencieusement balayées sous le tapis. Et malgré une communauté scientifique unanime pour alerter sur la bombe à retardement

---

27. GES : gaz à effet de serre, comme le CO_2, le méthane ou encore le protoxyde d'azote en grande partie issu de l'agriculture industrielle.

28. https://www.franceinter.fr/environnement/le-cout-mirobolant-du-dereglement-climatique

qu'elles représentent, aveuglés par leur obsession du court terme, les dirigeants, censés assurer notre sécurité alimentaire et la pérennité de nos conditions de vie future, s'entêtent dans la fuite en avant. Les agriculteurs « conventionnels », eux, résistent, font mine de ne pas croire les chiffres et de prendre les préconisations écologiques pour des attaques personnelles intolérables assénées par des bobos hors-sols qui n'y connaissent rien et ne comprennent rien à leurs contraintes.

Tous les indicateurs clignotent pourtant, rouge vif, sous leurs yeux : de la dépendance aux énergies fossiles dont nous savons qu'elles ne sont pas inépuisables, à l'extinction de masse de la biodiversité pourtant garante de la résilience globale, en passant par les migrations de populations livrées à la famine ou les risques sanitaires que nous sommes bien en peine de gérer. Le faisceau d'indices rendant l'effondrement probable n'a jamais été si large.

Alors pourquoi persistons-nous sur la voie d'une agriculture industrielle et chimique ?
Nous serions trop nombreux.

Pour nourrir les bientôt 10 milliards d'humains, l'agriculture standardisée intubée aux engrais et produits phytosanitaires serait la seule option, nous dit-on. Puisqu'elle s'appelle « intensive », cette agriculture est forcément la solution : déployons-la par-delà nos frontières pour que le monde entier profite de ses rendements extraordinaires. Spécialisons, la planète est notre terrain de jeu après tout. Produisons le soja au Brésil, les palmiers à huile en Asie, les porcs dans des usines en Bretagne, les légumes sous serres en Espagne, le riz en Inde et le maïs aux États-Unis, optimisons nos méthodes et voguent les galères du grand commerce mondial.

Impossible, d'après les discours de l'élite aux manettes, de nourrir l'humanité autrement.

Pourtant, 70 % des aliments que nous consommons à l'échelle mondiale proviennent des petits paysans, qui travaillent sur des parcelles de taille modeste, soucieux d'assurer la continuité avec des traditions anciennes, en harmonie avec la nature[29]. À quoi servent donc les immenses champs du centre des États-Unis, les *latifundi* d'Argentine, les plaines ukrainiennes, les steppes mongoles dont on expulse les nomades ?

---

29. *Qui nourrit réellement l'humanité ?*, Vandana Shiva, Actes Sud, 2020.

Ben… pas forcément à nous nourrir. Nos modes de vie ont évolué. Et nous aurions désormais besoin de quantités croissantes de coton pour l'insatiable industrie textile, de canne à sucre et de betterave pour mettre du « biocarburant » qui n'a rien de bio dans les réservoirs de nos voitures toujours plus nombreuses et puissantes. Certes, il ne s'agit donc plus d'alimentation et l'on peut plaider pour une répartition de l'usage des sols, mais que dire alors des surfaces nécessaires à produire les céréales qui nourrissent le bétail ? Sachant qu'il faut dix fois plus de superficie pour produire 1 kilojoule de bœuf qu'1 kilojoule de pain [30], l'équation est-elle soluble si l'on continue à augmenter notre consommation de viande ? La maintenir à son niveau est déjà suicidaire selon toutes les analyses…

C'est à ce moment du raisonnement qu'il convient tout de même de rappeler que l'on produit aujourd'hui déjà bien plus que nos besoins : selon la FAO, 30 % de la production alimentaire mondiale est perdue ou gaspillée, et un seul quart de cette nourriture gâchée pourrait nourrir les 850 millions de personnes sous-alimentées dans le monde [31].

---

30. http://edu.mnhn.fr/mod/page/view.php?id=1429

31. https://wikiagri.fr/articles/les-20-chiffres-a-retenir-sur-le-gaspillage-alimentaire/1276

Alors pourquoi diable voulons-nous à tout prix mettre notre production agricole sous la bannière du productivisme ? Seuls 2 % des paysans dans le monde ont un tracteur[32], et nous produisons déjà trop.

Mais attendez, c'est peut-être ça, l'une des gênes qu'éprouvent les dirigeants : si ces 2 milliards d'agriculteurs n'ont pas de tracteur, c'est qu'ils n'en ont pas acheté, c'est un manque à gagner. Les banques sont pourtant d'accord pour leur prêter, les États pour subventionner, dès lors qu'on parle de grosses cylindrées capables de faire carburer la croissance. Et de rendre la vie des agriculteurs plus agréable, de les aider à sortir d'un travail harassant, les extraire de la misère : regardez, les agriculteurs des pays civilisés vivent tellement mieux désormais !

Ah ben non, en fait… même pas.

Et c'est là que le bât blesse le plus, finalement. Car si tous ces sacrifices, sur la santé, l'environnement, l'avenir, permettaient au moins de chouchouter les premiers concernés, ceux qui vouent leurs journées à produire de quoi nous nourrir, nous pourrions les accepter. Mais accrochez-vous bien, 30 % des

---

32. http://www.recherches-internationales.fr/RI80_pdf_2/RI80_Mazoyer.pdf, pp47-64

agriculteurs en France gagnent moins de 350 euros par mois[33] ! Ils seraient plus à l'aise au RSA…

Qui s'étonne, dans ce contexte, d'entendre que tous les deux jours, en France, un agriculteur à bout d'espoir se donne la mort ? Outre leurs difficultés financières, ils reçoivent en pleine figure, comme une accusation, la pression sociale et les critiques à l'encontre du modèle agricole dont ils ont hérité. Qui fut peut-être – c'est discutable – légitime en son temps.

L'agriculture industrielle et chimique détruit la nature, menace notre santé et ne crée même pas d'emplois : le secteur a perdu 80 % de ses actifs entre 1955 et 2000[34]…

Mais c'est quoi alors la motivation ?
L'innovation ?

Récemment, je suis allé visiter une ferme, ou plutôt une exploitation agricole qui mérite bien ce nom, en Nouvelle-Aquitaine. 600 hectares de pommes de terre, gérés par un jeune de mon âge ayant repris « l'affaire » il y a quelques années. Intrépide, il a entrepris de la moderniser

---

33. https://www.lemonde.fr/idees/article/2017/11/16/oui-30-des-chefs-d-exploitations-agricoles-gagnent-moins-de-350-euros-par-mois_5215831_3232.html

34. http://agreste.agriculture.gouv.fr/IMG/pdf/AGRIFRA07c-2.pdf

en accord avec des banquiers (qui sont devenus ses amis d'ailleurs) : de gros investissements devraient lui permettre d'acheter bientôt de beaux tracteurs tout neufs de la dernière génération, au-to-nomes – équipés d'un GPS et d'un pilote automatique, ils pourront semer et récolter les patates sans intervention humaine. Il n'aura alors plus qu'à signer un contrat de maintenance mécanique avec la multinationale fabriquant ces engins de l'espace, et il pourra se séparer de ses derniers salariés.

Notre monde perd pied. Les robots et les drones font leur apparition dans les champs des pays riches alors que dans les pays du sud on cultive toujours à main nue ou en traction animale. Une poignée d'industriels, financés par des exaltés de la technologie aux poches souvent remplies grâce à elle, continue d'élargir, à coups de gadgets subventionnés, le fossé qui sépare deux réalités.

Il serait donc question d'investissements ? Ou plutôt de retours sur investissements, de brevets ? Difficile de ne pas faire le rapprochement, alors, avec le scandale qui se joue au niveau des semences[35].

35. Théoriquement, à part 21 exceptions pour lesquelles il s'acquitte de royalties, un agriculteur n'a pas le droit de ressemer ses variétés d'une année sur l'autre. Au nom de la propriété intellectuelle, il doit racheter au semencier (producteur de semences) des graines chaque année.

Le miracle de la vie, qui nous permet d'être ici, c'est que la vie donne la vie.
Donne, pas vend.

Le plus fondamental des axiomes de notre présence sur cette terre, c'est que les espèces peuvent se reproduire à l'envi. L'histoire des semences est l'allégorie de la crise civilisationnelle que nous traversons : un phénomène naturel, beau dans sa diversité et gratuit par essence, se retrouve perverti par quelques mains avides qui l'artificialisent, le standardisent et le privatisent. Les semences deviennent légales si et seulement si elles sont brevetées. S'il n'était finalement qu'un combat à mener pour sauver notre avenir, ce serait sans doute celui-ci… car si les graines et semences perdent leur statut de bien commun et tombent dans le domaine privé, si le patrimoine génétique du vivant devient lui aussi un marché, alors la liberté et le bon sens auront perdu la partie.

*
* *

La révolution agricole, qui a promis une vie meilleure à des centaines de millions de paysans, a en quelques décennies détruit cette profession et envisage désormais de remplacer ceux qui restent par des drones ou robots autonomes. Le mythe du progrès, avide de produits de synthèse standardisés et de nouvelles technologies, se révèle par ailleurs incompatible avec la bonne santé des écosystèmes, les externalités coûtent bien plus cher à la collectivité que les bénéfices annoncés. Le modèle agricole ne tient plus que par sa contribution au capitalisme, sous forme de points de croissance chéris de quelques poignées d'actionnaires, au détriment des conditions de vie de milliards de producteurs et des consommateurs.

Pour comprendre la complaisance, voire la collaboration, du monde politique à l'égard de cette orientation délétère, il faut maintenant chercher à qui profite le crime.

– 3 –

Au carrefour des intérêts

Je ne suis pas économiste.

J'aime les chiffres mais je les préfère au service des sciences plutôt qu'utilisés pour étayer des dogmes. Et quoi que laisse penser le titre usurpé de « prix Nobel d'économie » récusé ardemment par les descendants du physicien suédois, l'économie n'a rien d'une science exacte, c'est une discipline qui étudie les activités humaines de production et de consommation afin d'en déduire des théories.

Un jour, on m'invita à la Bourse de Paris, dans le cadre d'un colloque sur le développement, à débattre de la question de l'alimentation avec le délégué général d'une grande enseigne de distribution française. Inutile de dire que lui et moi ne parlions pas la même langue.

Après une introduction où l'animateur exposa les bienfaits de l'agroécologie, mon interlocuteur livra ses réalités à l'auditoire : pour proposer dans ses étals une offre correspondant aux « envies » des consommateurs, il avait nécessairement besoin d'un approvisionnement, constant, de produits aux calibres stables qui se conservent le plus longtemps possible et, évidemment, à des prix attractifs. Selon lui, la permaculture aurait de l'avenir dès lors qu'elle serait en mesure de fournir des enseignes comme la sienne, en grosses quantités et à un coût moindre que le bio, qu'il trouve rédhibitoire. Généreux, il me tendait même une perche pour travailler avec son groupe, afin que nous créions ensemble des filières de proximité répondant à son cahier des charges.

Grisé par l'occasion qui m'était donnée de lui faire entendre, en direct devant près de mille personnes, qu'il existait un autre monde que le sien, je rebondis de manière assez insolente (à tel point que ma mère, présente ce jour-là dans l'assemblée, jugea correct d'aller lui présenter des excuses à l'issue de la conférence).

Tout y est passé : la pression exercée sur les producteurs par la grande distribution pour acheter toujours moins cher ; l'agression publicitaire permanente qui ravage les cerveaux des citoyens et leur fait croire que surconsommer est un besoin ; les dégâts causés sur les dynamiques des petites villes par l'arrivée de centres commerciaux périurbains ; la destruction d'emplois intrinsèque à leur modèle industriel, renforcée par l'automatisation des caisses ; le bio qui arrive suremballé de l'autre bout de l'Europe ou du monde ; les conditions de travail choquantes des salariés au regard du train de vie indécent des dirigeants, dont il faisait bien sûr partie…

Je crois même avoir poussé le bouchon jusqu'à parler du détournement d'argent public pour leurs intérêts privés, à coups de ronds-points et de déviations pour aiguiller les voitures vers leurs magasins. À l'époque, le scandale des milliards d'euros évaporés par le CICE[36] n'avait pas encore été révélé, sinon je ne doute pas que je le lui aurais également reproché.

36. Le CICE (Crédit d'impôts pour la compétitivité et l'emploi) créé par François Hollande dans le cadre du Pacte de responsabilité avait pour ambition de libérer les entreprises de certaines contraintes en contrepartie de la création de nouveaux emplois.
Cette mesure qui représente 100 milliards d'euros d'argent public entre 2013 et 2019 est critiquée pour n'avoir créé que très peu d'emplois et surtout bénéficié aux actionnaires.

Deux mondes s'étaient percutés, devant des témoins enchantés d'assister à cette passe d'armes.

Il m'en voulut, mais me recontacta incessamment pour comprendre ce qui lui avait valu ce traitement : il estimait faire son métier de commerçant et n'avoir aucune responsabilité d'ordre politique. Je lui expliquai alors – plus respectueusement – qu'en tant que premier employeur privé de France avec près de 120 000 salariés sur le territoire, drainant quotidiennement dans le monde 14 millions de clients dans ses rayons, il était indéniablement à la tête d'un empire doté d'un poids politique.

Avec lui comme avec d'autres représentants du secteur privé, conscients de nos différences mais partageant la même envie d'avancer, nous avons tendance à chercher des lignes de convergence.

Rompu aux discours sympathiques mais sans effets réels des directeurs Développement Durable ou RSE[37] des grosses boîtes, j'ai appris à ne plus tomber dans le panneau d'idées séduisantes mais irréalistes de croissance verte ou d'innovation responsable qui autorisent, par un coup de peinture superficielle et

37. Responsabilité sociétale de l'entreprise.

sans effet réel, de continuer la course folle aux profits. Je ne laisse plus la place, dans les discussions, à des communs accords de convenance, tièdes et sans ambition, qui ne questionnent pas, profondément, le système consumériste. S'il apparaissait farfelu, il y a quinze ans à peine, de mettre en cause sérieusement le capitalisme et les bienfaits d'une économie compétitive mondialisée, la dégradation incontestable de la situation, qu'elle soit écologique ou sociale, justifie aujourd'hui, contraint même, à adopter cette posture sans ambages. Le président de la République lui-même affirma, au cours de son allocution annonçant le confinement[38], « qu'il est des biens et des services qui doivent être placés en dehors des lois du marché ».

Une réalité en cachant une autre, l'exemple de la marée noire m'a permis d'appréhender l'un des dysfonctionnements majeurs de notre société et de désacraliser les mythes économiques modernes.

Quiconque regarde les images de plages recouvertes d'hydrocarbures et de pauvres oiseaux mazoutés après un naufrage de pétrolier comprend qu'il s'agit d'une catastrophe terrible. Lorsqu'un supertanker

38. Emmanuel Macron, 12 mars 2020.

s'écrase sur nos côtes et répand son « or noir » dans l'environnement, une émotion vive s'empare de la population, révoltée dans son âme au nom de la nature, de la Terre mère, à qui l'on inflige de telles pollutions.

Pourtant, avec les lunettes du comptable, un tel incident implique beaucoup d'activité économique : il faut nettoyer bien sûr (ce qui peut l'être), démanteler le navire, le remplacer, le remplir à nouveau, et le renvoyer à bon port. Tout ceci coûte de l'argent et entre dans les statistiques du PIB, le faisant mécaniquement monter. Or… c'est bien à l'aune de cet indicateur financier que l'on évalue la santé d'un pays, et plus le PIB est élevé, plus il croît, mieux c'est.

Autrement dit, une marée noire, c'est peut-être triste pour l'environnement, mais c'est bon pour l'économie !
Diable qu'on compte mal…

Notre système tout entier est arrimé à la finance, dont l'unique thermomètre ne mesure pas des choses essentielles comme l'état des ressources naturelles, le bien-être ou encore la santé. Quelle ineptie !

Je ne pensais pas dire ça un jour, mais je suis convaincu que l'un des plus gros leviers pour changer de paradigme est de réformer notre système comptable.

Jacques Richard, professeur à l'université Paris-Dauphine, explore la question depuis des années et développe un nouveau modèle comptable « multicapitaux », qui ne se contente plus du simple prisme financier, mais intègre également le capital naturel et le capital humain dans le compte de résultat et le bilan. Comme il l'expliquait dans un entretien en 2010[39], dont voici des extraits que tout le monde devrait lire, « la comptabilité est stratégique, car elle régit l'activité des entreprises au jour le jour bien plus que des outils économiques comme les taxes ou les quotas, [...] et son histoire s'est écrite autour de la question des dividendes distribuables ».

Sommairement, avant 1850, l'évaluation des actifs s'effectuait avec des « valeurs à la casse »[40], « il en

---

39. https://lexpansion.lexpress.fr/entreprises/jacques-richard-des-normes-comptables-au-profit-des-actionnaires_1366266.html

40. L'actif désigne l'ensemble du patrimoine de l'entreprise, c'est-à-dire tout ce qu'elle possède. L'évaluer avec une « valeur à la casse », c'est estimer sa valorisation s'il était cédé sans poursuite de l'activité initiale de l'entreprise, comme si elle était en faillite.

résultait l'absence de dividendes au début des investissements, ce qui ne gênait pas outre mesure les capitalistes entrepreneurs de ce temps, animés d'une vision à long terme.

Puis, lors du développement des grandes sociétés de chemins de fer, financées par des rentiers, une première révolution comptable a eu lieu pour servir ces nouveaux capitalistes, déjà animés d'une vision à court terme et revendiquant des profits immédiats et réguliers. On a alors abandonné le système des valeurs à la casse pour celui du coût historique. Dorénavant, les actifs seront évalués à leur coût d'achat original minoré d'un amortissement régulier étalé sur toute la période d'utilisation : avec l'étalement de ces charges, on pourra distribuer des dividendes dès le début et de façon plus régulière, pourvu qu'il y ait des ventes. Mais, vers 1970-1980, lors de l'émergence du capitalisme financier, ce système se montre insuffisant pour satisfaire les appétits d'un nouveau type d'actionnaires, des boursicoteurs invétérés. Des théoriciens américains énoncent alors l'idée qu'il faudrait rapprocher les valeurs comptables d'une juste valeur, plus proche de la valeur boursière de l'entreprise. [...] Cette nouvelle comptabilité de type boursier permet d'asseoir les dividendes distribués sur des profits potentiels. »

Imaginer que tout notre modèle, ainsi que les décisions politiques pour le servir, reposent sur une réalité « potentielle », me laisse coi.

Ça fait comme un court-circuit dans ma tête, j'imagine les astuces comptables et autres normes[41] qui ont dû être échafaudées en arrière-boutique pour permettre la concentration actuelle de richesses. Et, je ne sais pas pourquoi maintenant, me revient à l'esprit la fameuse phrase de George Bush en 1992, alors président de la première puissance mondiale : « Le mode de vie des Américains n'est pas négociable. »

Beaucoup des absurdités que nous impose le monde actuel me paraissent d'un coup relever de la même logique : les stocks de céréales, de vêtements ou de livres invendus qu'on détruit, l'obsolescence programmée de tous les biens de consommation modernes, les bâtiments que l'on démolit pour en reconstruire de nouveaux plutôt que de rénover.

Cette logique, c'est le profit à tout prix. Adoubé par le devoir de croissance.

Face au pouvoir de l'argent, l'humanité n'a plus de prise.

---

41. IFRS : International Financial Reporting Standards.

À ce moment de mon parcours, un sentiment pénible m'envahissait, et il ne cesse de croître depuis. François Ruffin l'exprime parfaitement dans son dernier livre intitulé *Il est où le bonheur ?*[42] et je me range sans réserve derrière ses mots : « *Ils nous dirigent. Et ils nous dirigent droit vers l'abîme. Le gouvernail est aujourd'hui entre les mains des plus fous, des plus inconscients, des plus aveugles – ou des plus cyniques. Nous devons leur reprendre le volant des mains. Nous devons appuyer sur le frein. Nous devons changer de direction.* »

*
* *

Dans le monde, outre les quelques millions de pauvres qu'elle a sortis de l'extrême misère (pas tous, loin s'en faut) pour éviter des révoltes populaires – qui arrivent malgré tout, même en France –, la financiarisation de l'économie au tournant des années 1980 a surtout permis aux très riches de le devenir encore plus. Quand 26 personnes possèdent autant que la moitié des 7 milliards d'humains de la planète, quand 82 % des richesses créées vont dans la poche

---

42. Éditions Les Liens qui Libèrent, 2019.

des 1 % des plus fortunés[43], on se demande en voyant l'état de la planète et l'épée de Damoclès placée au-dessus de la tête de nos enfants si la boussole brandie par nos dirigeants, l'argent, n'indiquerait pas tout simplement le pire des chemins pour l'humanité, celui qui passerait par le territoire des inégalités extrêmes avant de déboucher dans la plaine de la désolation environnementale.

---

43. https://www.capital.fr/economie-politique/les-plus-riches-ont-accapare-82-de-la-richesse-mondiale-creee-en-2017-1266809

– 4 –

Qui s'y frotte s'y pique

C'est le genre d'histoire qu'on aimerait voir finir autrement. Vous connaissez aujourd'hui son dénouement mais lorsque nous sommes montés pour la première fois sur cette péniche amarrée au pont de la Concorde, entre l'Assemblée nationale et le palais de l'Élysée, nos illusions étaient sans limites, et nous pensions sincèrement que nous allions réussir à changer le monde.

Invités par Nicolas Hulot à réfléchir à l'éventualité et aux modalités de sa candidature à l'élection présidentielle de 2017, nous formions un petit groupe de trente à quarante personnes pour entourer celui dont nous pensions justement qu'il était le seul, dans le paysage, à pouvoir reprendre le volant des mains de la caste d'apparatchiks qui se relay(ai)ent indistinctement aux commandes de notre pays depuis trop longtemps, entretenant le *politic as usual*.

L'Accord de Paris venait d'être signé, quelques semaines auparavant, mais aucun de nous ne plaçait d'espoir dans ce texte non contraignant, dont nous savions qu'il offrirait un petit shoot de gloire éphémère au président français de l'époque mais tomberait dans l'oubli dès les premiers arbitrages venus. Ceux qui ont déjà vécu une COP[44] de l'intérieur ne s'offusqueront pas si j'écris qu'on n'y brasse que du vent et des promesses, et qu'il n'y a rien à espérer de ces grands-messes à haut bilan carbone. Bien que pour une fois il en fût sorti un accord, Hulot, qui en avait été l'artisan, savait pertinemment qu'il ne s'agissait que d'un coup de communication et que les conditions de sa mise en œuvre n'étaient pas réunies. Il répétait à l'envi qu'il fallait hausser le niveau d'ambition et se donner les moyens d'agir, vite.

L'échéance présidentielle lui collait à la peau depuis sa première incursion sérieuse dans le paysage

44. COP : Conférence des parties, composée de tous les États membres, elle se réunit tous les ans et est responsable du maintien des efforts internationaux pour faire face aux changements climatiques.

politique, dix ans plus tôt avec le Pacte écologique[45], et, il nous le confia, les exhortations récurrentes d'inconnus qui l'abordaient dans la rue, le priant de se présenter à l'élection, lui conféraient une sorte de responsabilité morale, qu'il était prêt à considérer avec nous.

Patrick Viveret, philosophe et essayiste altermondialiste, posa d'emblée les limites de l'exercice en rappelant que pour vouloir être politique, et en particulier président de la République, il fallait nécessairement être atteint d'une certaine névrose : on ne peut pas être bien dans sa tête et souhaiter occuper une place où rapports de force et compromissions composent l'essentiel de l'activité, où le pouvoir comme outil de conquête et moyen de domination devient une addiction. Issu de la société civile et très largement apprécié pour sa sincérité, Hulot ne nous semblait pas malade. Et si nous anticipions qu'une campagne électorale et l'exercice du pouvoir de haut

45. Lancé durant la campagne électorale de 2006-2007, le Pacte écologique appelle les candidats à l'élection présidentielle française de 2007 à intégrer les problèmes écologiques et climatiques au sein des débats politiques. En menaçant de se présenter à l'élection s'il n'obtenait pas la garantie des candidats en lice, Hulot entra à cette époque de plain-pied dans la vie politique.

vol l'exposeraient forcément à des tensions, nous le savions suffisamment lucide pour ne pas y céder et rester dans l'attention.

Bien sûr, beaucoup d'entre nous rêvaient de s'engager plutôt dans une campagne totalement citoyenne, inédite, qui porterait un, ou même plutôt une, inconnu(e) à la tête de la France. Des tentatives s'esquissaient ici ou là avec la Primaire citoyenne par exemple, et si nous trouvions le concept séduisant, le principe de réalité nous renvoyait vite à la raison en rappelant la puissance nécessaire à la mise en scène sensationnelle ultra rôdée de l'élection du chef tout-puissant.

Les divers horizons dont nous étions issus et nos expériences respectives permirent d'entrer rapidement dans le vif du sujet et de la stratégie, et les réunions qui s'étalèrent sur un peu plus de six mois posèrent de premiers jalons pour l'aventure qui aurait pu, nous sommes plusieurs à en être convaincus, se terminer autrement. La hauteur de vue, qui inspira à Nicolas Hulot d'ajouter « et solidaire » au nom du ministère dont il prit la charge[46] quelques mois plus tard en entrant au gouvernement, l'habitait

46. Ministère de la Transition écologique *et solidaire.*

déjà sur la péniche : il avait su, pour ce projet fou, rassembler autour de la table des spécialistes de l'environnement, bien sûr, mais aussi de l'action sociale, des banlieues, de la justice, de l'éducation, de l'emploi, de la culture... Nicolas Hulot pense la politique avec un grand P, celle qui entend répondre de manière intégrale aux sujets de la cité, en étant prêt à s'inscrire dans la pensée complexe sans jamais sacrifier l'essentiel sur l'autel des calculs tactiques d'appareil.

Cette réalité systémique est le terrain de jeu des philosophes, sociologues, politologues et scientifiques, ceux qu'il conviendrait de voir aux côtés des décideurs. Et c'est précisément de telles personnalités que j'eus le privilège de côtoyer sur cette péniche. D'ailleurs, un candidat en devenir s'intéressait également au casting de Nicolas : à deux ou trois reprises, alors que la navette qui le menait par la Seine de ses bureaux de Bercy vers l'hémicycle accostait juste derrière nous, le jeune Emmanuel Macron – encore ministre – enjamba la passerelle et passa la tête pour nous saluer, l'œil mi-inquiet mi-intéressé à cette époque où il n'avait encore rien annoncé de ses ambitions. De notre groupe il n'aura finalement récupéré que Matthieu Orphelin, député quelques mois seulement avant qu'il ne se désolidarise de la majorité présidentielle.

Le programme électoral, nous étions globalement d'accord sur ce point, n'était pas LE sujet.

Tout était déjà dit, écrit, su.

Il suffisait de compiler les grandes lignes de la précédente campagne de Hulot aux primaires écologistes de 2011, de reprendre le Pacte écologique, le mixer avec les propositions de l'Archipel citoyen *Osons les Jours Heureux*[47], d'y distiller quelques autres préconisations des associations présentes, et de confronter le rendu aux idées des partis dont nous ne nous sentions pas trop éloignés comme Europe écologie, et le tour était joué.

Non, la complexité n'était pas (et n'est toujours pas) de savoir quoi mettre en œuvre pour permettre à notre société de se remettre sur le bon pied, la difficulté était de savoir comment rassembler autour d'un projet de rupture, de trouver le moyen d'embarquer avec nous la majorité des Français.

---

47. Ce livre contenait 120 propositions politiques pour résister et créer, qui se transformèrent en 25 mesures basculantes proposées aux candidats à l'élection de 2017. https://les-jours-heureux.fr/

Proposer une nouvelle constitution ? L'idée est pertinente, puisque nos institutions, trop imbriquées dans le monde de l'entreprise et du capital, apparaissent systématiquement comme un obstacle au bien commun. L'idée d'une VIe République posait un dilemme que nous devions trancher, mais nous savions tous que nous ne pourrions pas convaincre 50 % d'électeurs avec la seule promesse d'organiser une assemblée constituante. Et puis que ferions-nous, une fois au pouvoir, le temps de sa mise en place ?

Nous reportions cet arbitrage, conscients que ce ne pourrait être la pierre angulaire de notre positionnement.

Si nous étions là tous réunis, nous sentant investis d'une mission qui nous dépassait, c'est que les perspectives du monde, tel qu'il fonctionnait à l'époque et a fortiori aujourd'hui, n'étaient pas engageantes. Les sujets des sempiternelles promesses politiques n'étaient pas notre sémantique : croissance, concurrence, compétitivité, productivité, libre-échange… nous avions besoin de créer un nouveau récit.

Cher à Cyril Dion, auteur et réalisateur écologiste qui participait de temps à autre aux réunions, cet objectif était le Graal pour notre petit groupe : amener les gens à rêver d'un avenir souhaitable. Mais comment ?

Alors que la collapsologie faisait son entrée dans le vocabulaire courant, qu'elle réunissait tous les indices d'un effondrement imminent et que cette vision dystopique convainquait de plus en plus de gens, nous souhaitions, sans nier ces éléments, proposer une dynamique constructive pour aller de l'avant.

Déterminer des valeurs communes, qu'elles soient écologistes, solidaires et plus généralement humanistes, dans une charte à tonalité positive, fut le premier chantier sur lequel travailla un petit groupe de volontaires. Mais cela ne pouvait constituer la matrice de notre projet. Les intentions ont beau être pures, elles ne font pas le poids face à la magie factice des mesures toutes précises – bien que rarement applicables – qu'on trouve dans les programmes des vieux routards de la politique.

Nous devions établir un diagnostic suffisamment précis et critique de la situation pour dérouler des propositions audibles, compréhensibles et aux effets mesurables. Bien avant le mouvement des Gilets jaunes, il nous tenait à cœur d'affirmer que les enjeux sociaux et économiques étaient liés, que les problèmes de fin du mois et de fin du monde devaient se régler d'un même élan par des dispositions cohérentes. Raconter cette histoire sans saper ses chances de gagner est une gageure : expliquer que le train de vie des 10 % les plus riches est responsable de 50 % des émissions de gaz à effet de serre (GES) revient à se disqualifier, puisque cela stigmatise et accuse ceux-là mêmes qui financent les campagnes et permettent à leurs favoris, à grands renforts de surface médiatique, de remporter l'élection. Nous avions bien des idées pour démontrer qu'il est désormais plus rentable d'investir dans un futur désirable, compatible avec la préservation des écosystèmes et du bien-vivre ensemble, que de continuer à payer les dégâts liés à l'inconsistance des choix passés. Dans un terreau politique si peu confortable sur le sujet, le bras de fer médiatique à engager pour rendre audible ce discours à contre-courant semblait perdu d'avance.

L'approche qui suscitait un consensus était de faire émerger les revendications depuis la base, par les acteurs de terrain au fait des problématiques et compétents dans leurs domaines. Mais les nœuds dans le cerveau eurent tôt fait d'arriver : le monde associatif, tout indiqué comme artisan légitime des mesures que nous pourrions porter, n'accepterait pas de se ranger derrière un homme, d'entrer dans une dynamique de campagne. Soit statutairement, soit stratégiquement car les organisations engagées pouvaient craindre un retour de bâton en cas d'échec avec des comptes à rendre à un nouveau président qui considèrerait que leur soutien à Hulot avait fait d'eux ses ennemis.

Des semaines durant, nous avons sondé les associations concernées, qui semblaient partantes pour tenter une tactique à deux bandes : d'abord construire un corpus de propositions, soutenues par des exemples probants, couvrant aussi bien les champs du quotidien que les réformes institutionnelles. Puis (ab)user de pédagogie pour porter le débat sur ces sujets et non ceux choisis par les autres candidats, dont nous savions que l'immigration, la sécurité, les extrémismes seraient les thèmes de prédilection, voies de garage, « putaclics » de politiciens sans l'audace ni la vision nécessaires pour adresser les questions structurantes d'écologie et de refonte du modèle économique.

Ensuite, et si la mayonnaise prenait comme nous l'espérions, une seconde phase débuterait, au cours de laquelle Nicolas Hulot s'engagerait à porter ces propositions en tant que candidat à la présidentielle, laissant aux organisations qui en étaient à l'origine leur liberté de soutenir ou non sa démarche électorale.

La machine était lancée.

Pour nous inspirer et parfaire notre stratégie, nous sollicitâmes alors deux jeunes « community managers » qui avaient animé la campagne de Bernie Sanders, tout juste éconduit dans la primaire démocrate des États-Unis mais dont la dynamique citoyenne avait tout de même de quoi forcer le respect.

Quelques semaines plus tard, les premiers soutiens financiers affluaient, et nous déposions en préfecture les statuts d'une association pour préfigurer le microparti dont j'avais même l'honneur d'assumer la fonction de trésorier. Nous étions plus déterminés que jamais.

Seulement voilà. Personne n'a jamais vraiment su pourquoi Hulot renonça, mais moins d'une semaine après ce lancement en fanfare, il prévint tout le monde un beau matin qu'il se retirait de la course.

Un message et puis s'en va.

Je respecte trop Nicolas pour juger ce revirement, pour lui en vouloir. S'il en a décidé ainsi, c'est qu'il estimait que les conditions n'étaient pas réunies, que nous n'étions pas assez structurés, que d'autres facteurs dont nous n'avions pas conscience allaient interférer dans la mécanique que nous avions échafaudée.

C'est la vie, sa réalité était plus avisée et concernée que la nôtre, et ce fut un nouvel échec sur la route du changement de société auquel j'aspirais à contribuer.

*

* *

Tout est politique au bout du compte. Quand on veut changer le monde, on doit être prêt à se jeter dans l'arène et entrer dans cette danse traditionnellement réservée aux troupes de l'ENA, acoquinées à leurs cousins des grands corps techniques de l'État. La mécanique électorale bien huilée leur permet de se maintenir au gré des scrutins et rend grâce au cours des mandats aux capitaines d'industrie qui ont investi dans les bons candidats. À l'échelon élyséen, les dés sont pipés car l'intérêt général ne paie pas, il coûte et personne ne veut financer. En 2016, la configuration présentait quelques atouts en faveur des biens communs mais nous n'avions pas d'autre stratégie que celle de l'homme providentiel, mythe qui ne correspondait pas à notre poulain.

– 5 –

TOUT ÇA POUR ÇA

Depuis, l'eau a coulé sous les ponts. Un peu.

Un goût d'inachevé me restait en travers de la gorge, mais je demeurais convaincu que les occasions perdues n'étaient pas inutiles et que regretter ne ferait rien avancer.

L'association Fermes d'Avenir continuait de creuser son sillon, nous avions lancé plusieurs projets de nouvelles fermes, dont une de 70 hectares pour appliquer les principes de la permaculture à grande échelle, et même les étendre à tout un département dans la cadre du programme TIGA, Territoires innovants de grande ambition[48]. Ce n'est pas parce que le modèle économique actuel ne sait pas rendre grâce à l'agroécologie et valoriser financièrement ses bénéfices que nous devons renoncer à déployer ces havres de biodiversité capables de régénérer les territoires et proposer une nouvelle voie pour la production agricole. Le tour de France des fermes nous avait donné beaucoup de matière pour comprendre les réalités des conditions paysannes et nous aida à confirmer que les externalités[49] produites par les agriculteurs dépassaient de loin le simple fait

---

48. L'appel à candidatures Tiga, du Programme d'investissements d'avenir, a sélectionné le projet Sesame dont l'objectif est de développer un réseau de près de 100 fermes en Essonne, à même de créer plus de 200 nouveaux emplois dans la filière alimentaire locale et de subvenir à 10 % des besoins de la population en bio de proximité. Articulé autour de la ferme de l'Envol, à Brétigny-sur-Orge, ce projet piloté par la Communauté d'agglomération cœur d'Essonne touchera de l'État un investissement de 26 millions d'euros.
https://fermesdavenir.org/fermes-davenir/pole-production/sesame

49. Les économistes désignent par « externalité » ou « effet externe » le fait que l'activité de production ou de consommation d'un agent affecte le bien-être d'un autre. Une externalité peut être positive ou négative selon que sa conséquence sur le bien-être est favorable ou défavorable. La pollution sous toutes ses formes est un exemple typique d'externalité négative : lorsqu'une usine rejette des déchets dans l'environnement, elle inflige, sans contrepartie, une nuisance aux habitants de la région.

de nourrir la population. L'agroécologie pourrait en effet, si elle se généralisait, rendre énormément de services à la société : restaurer les écosystèmes et les paysages, diminuer les problèmes de santé, préserver l'eau, capter du carbone, redynamiser les zones rurales…

Le plaidoyer Fermes d'Avenir en attestait en posant noir sur blanc les ordres de grandeur et, alors que la campagne présidentielle agitait les médias, nous pûmes présenter ce document à plusieurs candidats, mettre ce qui se révélait comme des évidences sous leur nez, notamment sous celui du futur vainqueur qui avait décidé de venir visiter la ferme de la Bourdaisière. Accompagné d'une horde de caméras, Emmanuel Macron vint passer quelques heures avec nous pour découvrir les pratiques agroécologiques et voir de ses yeux une microferme inspirée de la permaculture. Hélène le Teno, qui avait supervisé la rédaction du plaidoyer, et moi-même avions concocté un petit quiz pour lui rappeler quelques chiffres essentiels avant de lui laisser les fiches en guise de pense-bête.

Biodiversité

en 30 ans, ... % des insectes ont disparu en Europe[50]

Santé

les impacts des perturbateurs endocriniens coûtent à l'Europe .... euros par an[51]

Économie

sans les aides de la PAC, ...% des fermes françaises auraient un résultat courant avant impôt négatif[52]

Climat

complétez ce tableau[53]

En 1940	10 calories d'énergie fossile	donnaient	24 calories alimentaires
En 2015		donnent	... calories alimentaires

---

50. Réponse : 80 %.
Source : études PloS One, https://www.lemonde.fr/biodiversite/article/2017/10/18/en-trente-ans-pres-de-80-des-insectes-auraient-disparu-en-europe_5202939_1652692.html

51. Réponse : 157 milliards d'euros.
Source : https://lejournal.cnrs.fr/articles/perturbateurs-endocriniens-le-cout-de-linaction

52. Réponse : 50 %.
Source : http://agreste.agriculture.gouv.fr/IMG/pdf/Primeur354v2.pdf

53. Réponse : 1. Oui, nous avons bien divisé par près de 25 notre efficacité à produire la nourriture depuis l'époque de nos grands-parents !
Source : https://learn.uvm.edu/foodsystemsblog/2013/07/18/counting-calories-the-energy-cost-of-food/

Profitant de cette occasion, nous lui avons remis les dix propositions de loi imaginées en écho au plaidoyer et consignées dans une pétition soutenue par plus de 70 000 citoyens[54].

Attentif et souriant, le futur président nous assura qu'il ferait siennes trois de ces mesures et me confia, le regard profond : « Quand je dis quelque chose, c'est pour le faire[55] », avant de nous quitter et passer au rendez-vous suivant de son marathon de séduction.

54. https://bluebees.fr/fr/petition

55. Pour ne rien ôter au regard profond, je préfère ne pas révéler tout de suite s'il a tenu parole.

BONUS

Lettre ouverte à Emmanuel Macron

Publiée sur les réseaux le 24 avril 2017

Cher Monsieur,

En février dernier, alors que la campagne battait son plein, vous êtes venu visiter notre ferme en Touraine pour comprendre comment le modèle agroécologique pouvait répondre aux enjeux d'autonomie alimentaire des territoires, d'efficacité énergétique dans la production agricole, de créations d'emplois, de lutte contre le dérèglement climatique ou l'érosion de la biodiversité, de préservation des terroirs et de la qualité de nos productions.

Vous n'êtes pas un habitué de ces questions écologiques, mais vous comprenez vite et n'êtes pas dépourvu de bon sens, ce fut un moment plaisant et utile.

Après nous avoir rencontrés et entendu notre vision, vous avez dû écouter d'autres acteurs du domaine agricole et notamment les défenseurs de cette agriculture productiviste et chimique qui éreinte la nature, l'emploi et notre santé.

C'est le deal : en tant que politique, vous devez parler avec tout le monde, composer avec toutes les sensibilités pour arbitrer sous votre responsabilité. Dans le vieux monde, les politiques ont toujours fait plaisir aux plus influents, dont la force de lobbying n'a d'égale que les profits qu'ils engrangent... mais dans un monde en marche, j'imagine que l'on valorisera ceux qui avancent, qui innovent et s'affranchissent des codes poussiéreux et rigides de la société pour inventer des lendemains meilleurs. C'est moins simple mais intellectuellement plus stimulant.

Aujourd'hui, vous vous réveillez en tête de l'élection et neuf de vos concurrents ont disparu de la course, bravo pour ce tour de force rapide et efficace.

Vous êtes à deux doigts de devenir notre président.

La nouvelle a rassuré les marchés puisque la Bourse de Paris ouvre en hausse de 4 %, mais elle n'a pour l'instant aucun effet sur le dérèglement climatique...

Je fais partie des 38 millions d'inscrits qui n'ont pas voté pour vous, et comme la majorité d'entre eux, la Bourse m'intéresse moins que le climat, la biodiversité, la justice sociale ou la santé de mes enfants.

Pour nous convaincre de voter pour vous et ne pas risquer un trop fort taux d'abstention, qui favoriserait votre adversaire, vous allez maintenant devoir entrer dans le dur et proposer des orientations claires sur les sujets restés encore trop flous.

L'agriculture est au carrefour des enjeux de notre société, elle est la première brique, le socle, sur lequel doit reposer notre modèle : elle mérite qu'on lui accorde l'attention toute particulière d'un secteur d'exception.

Sans simplifier, on peut affirmer que deux visions s'opposent en la matière et la bonne nouvelle du résultat d'hier c'est que tous les citoyens ayant voté à votre gauche, et qui vous sont donc largement suffisants pour l'emporter dans 15 jours, défendent un modèle paysan, bio, local, économe en énergie et en intrant, créateur d'emplois.

Plus besoin, dès lors, de faire des courbettes aux partisans d'un modèle à bout de souffle, ne survivant que grâce à la chimie, au pétrole, aux subventions, et à la docilité des consommateurs.

Avec l'association Fermes d'Avenir, nous vous avons mâché le travail en proposant dix orientations politiques fortes à même d'enclencher la transition agricole, et vous pouvez les retrouver dans cette pétition que je vous avais remise à l'époque.

Pour convaincre, mais surtout pour donner le souffle nouveau que vous annoncez, vous devrez faire montre d'une ouverture réelle, pas simplement vers des obédiences voisines, mais aussi et surtout vers des centres d'intérêts nouveaux. C'est dans cette démarche de curiosité et de découverte que se forgeront vos nouvelles convictions, ces prochains mois et années vont devoir vous changer littéralement et cela s'annonce intéressant à suivre.

Insoumis aux diktats de l'économie libérale, j'ai voté pour l'un de ceux qui faisaient figurer l'écologie au rang de ses priorités, terreau favorable à l'éclosion rapide de projets structurants sur les territoires comme l'interdiction de l'usage de certains pesticides, l'approvisionnement bio ET local pour les cantines publiques, la réorientation des aides de la PAC, le renouvellement de la formation…

Ma mère est convaincue que tout le monde peut changer, et c'est d'ailleurs la raison qui l'a poussée à voter pour vous, espérant que votre intelligence et vos qualités hier au service de la finance ou de l'administration seront demain tout aussi efficaces en faveur de l'intérêt général lorsque vous en aurez compris tous les ressorts.

Beaucoup de membres de votre équipe connaissent nos travaux, notre implication et notre agilité à faire bouger, rapidement et avec enthousiasme, les choses.

Certains des amis avec lesquels nous travaillions l'hypothèse Hulot ont fini par rejoindre vos rangs après son renoncement, ce que je n'ai pas souhaité car je pense que vous partez de trop loin sur les questions écologiques, sociales et même éthiques, tout féru soyez-vous des sujets économiques purs et durs.

Pour que vous gagniez ma voix et celles de ceux qui, comme moi, auraient préféré voir émerger de ce premier tour une dynamique vraiment révolutionnaire (car notre monde fonce de plus en plus vite dans le mur), je ne peux que vous recommander de creuser encore et encore ces questions que vous connaissez peu.

Venez parler avec les acteurs historiques de l'agriculture bio, les réseaux militants, qui vous feront découvrir une réalité quotidienne et sémantique de l'agriculture que les productivistes ont perdu au profit d'un langage purement stratégico-économique déconnecté du et des vivant(s).

Faites la même chose en écoutant et donnant la voix aux alternatives et solutions qui existent dans les secteurs de l'éducation, de l'énergie, de la santé, de l'économie, de l'aide au développement et même de la finance.

La transition doit arriver, vite, maintenant.

Une nouvelle page s'ouvre pour vous et nous.

Elle est encore suffisamment blanche pour que vous puissiez y laisser s'exprimer votre créativité et y associer des bonnes et pures volontés.

Restant à votre disposition… Révolution ?

mAx

– 5 –

Tout ça pour ça (suite)

Quelques jours plus tard, celui que nous avions rêvé président devint ministre de la Transition écologique et solidaire (MTES) et nous sollicita alors pour l'aider à construire son argumentation face au nouveau ministre de l'Agriculture, plus inféodé à l'agro-industrie qu'à la protection des oiseaux ou l'avènement du bio.

C'était d'autant plus urgent qu'à l'agenda du début de mandat étaient programmés les États généraux de l'alimentation (EGA), vaste chantier de concertation entre toutes les parties prenantes – paysans, secteur privé, ONG, institutions, recherche – de l'agriculture et des filières – production, transformation, distribution – afin d'élaborer un nouveau contrat sociétal autour de notre système alimentaire.

Sur recommandation de Hulot, je participai donc à l'Atelier 11 intitulé « Réussir la transition écologique et solidaire de l'agriculture en promouvant une alimentation durable », présidé par Dominique Potier, agriculteur très engagé et député de Meurthe-et-Moselle. Étonnamment, il avait été considéré que les contributions relatives à ce thème, la transition, n'avaient pas d'utilité pour le premier chantier des EGA, consacré à la création et à la répartition de la valeur (autrement dit, la structure économique de l'agriculture), et que nos réflexions s'inscriraient donc exclusivement dans le périmètre du second, portant sur une alimentation saine, sûre, durable et accessible à tous. Une fois encore, les architectes de la réforme n'appréhendaient pas le sujet dans sa dimension holistique, et avaient saucissonné le travail en deux, mettant aux commandes du premier le ministère de l'Agriculture, et du second le MTES.

D'emblée, cela hiérarchisait les thèmes et, à l'image de la PAC et de ses deux piliers[56], confiait aux lobbys le soin de parler des choses importantes, les sous, pour laisser au monde associatif le loisir de s'amuser sur les sujets auxquels il s'intéresse mais sans moyens financiers associés.

Comme la messe n'était pas dite, nous avons, malgré cela, fait de notre mieux en marge et lors des sessions de travail.

Le gouvernement avait mis en place une plateforme Internet de consultation citoyenne permettant à toute personne ou structure qui le souhaitait de partager ses bonnes idées et de voter pour les meilleures. Cette phase participative n'eut pas plus d'écho que n'en eut

---

56. La PAC, Politique agricole commune, est un dispositif mis en place à l'échelle européenne et organisé autour de grands mécanismes, aujourd'hui séparés en deux « piliers ».
Le premier concerne le soutien des marchés et des revenus agricoles, dont le système d'aides aux agriculteurs, en fonction de la taille de leur exploitation, constitue la majeure partie ; le deuxième est la politique de développement rural, allant de la modernisation des exploitations à la promotion du tourisme rural, en passant par la formation des agriculteurs, les aides à l'installation ou encore l'agriculture biologique.
Environ 80 % du budget de la PAC revient au premier pilier, ce que beaucoup d'observateurs considèrent comme un frein à la transition agricole.

le Grand Débat quelques mois plus tard : à peine la présentation des cinq propositions les plus appréciées (sur plusieurs centaines, totalisant des dizaines de milliers de votes) fut-elle projetée en séance, que les porte-paroles des syndicats agricoles majoritaires expliquèrent que le processus en ligne dans son ensemble (et pour lequel nous avions en effet activé tous nos réseaux) n'avait aucune valeur. Qu'il reflétait essentiellement des positions idéologiques émanant de gens ne connaissant rien à l'agriculture.

Ça débutait bien, une intervention suffit à envoyer aux oubliettes plusieurs mois d'intelligence collective, et à nous faire comprendre combien les voix autour de la table n'avaient pas toutes le même poids.

Nous eûmes ensuite le plaisir de voir défiler des experts sur tous les sujets de la transition, afin qu'ils exposent les liens entre agriculture et dérèglement climatique, santé, biodiversité, et mettent en perspective notre modèle avec ses évolutions possibles. Au bout de trois demi-journées à débattre avec les participants de la justesse de ces dires, dont les représentants à forte voix de l'industrie des phytosanitaires faisaient mine de douter, las, nous finîmes par abandonner nos espoirs de les voir admettre l'impact potentiel des pesticides sur la santé humaine. Le minimum de bonne foi sur lequel nous comptions pour déplacer les lignes n'était manifestement pas atteint.

Le président de l'atelier décida de passer outre ces désaccords et de faire progresser les discussions cherchant des points de convergence entre les ONG et les lobbyistes de l'agro-industrie, qui ne lâchaient rien de leurs positions. Pendant des heures, la tension monta entre les deux camps opposés par leur vision de la question, les uns aux commandes et les autres essayant de les leur ravir. Quand nous tentions de faire entendre que le modèle de polyculture-élevage, plus autonome et économe en énergie et intrants, pouvait être un objectif pour toute ferme, ils nous répondaient que la ferme France, dans son ensemble, faisait déjà de la polyculture-élevage… mais oui, vous-mêmes vous le savez : il y a de grands champs cultivés dans la Beauce et de l'élevage en Bretagne, cela signifie bien que nous sommes dans un système diversifié à l'échelle du territoire ! Aux études attestant que l'agriculture intensive précipitait l'érosion de la biodiversité, ils rétorquaient que notre modèle était réputé et salué pour être le plus respectueux de l'environnement et que sans les agriculteurs qui les entretiennent, nos écosystèmes seraient en bien pire état. Lorsque nous évoquions les problèmes posés par l'élevage industriel, les syndicats nous expliquaient qu'avec les traités de libre-échange, ils n'avaient pas d'autre moyen pour être compétitifs que de s'aligner, en agrandissant donc les stabulations et modernisant les salles de traite. Quand nous exprimions nos craintes sur la disparition des abeilles, on nous répondait malgré ce que disent les statistiques officielles que l'usage des pesticides était en recul et que de toute manière les produits d'entretien domestique étaient bien plus toxiques que ceux utilisés par les agriculteurs pour protéger leurs cultures. Si nous parlions de l'interdiction du glyphosate, on nous affirmait qu'il n'y avait pas de solution technique pour s'en passer et que de toute manière la SNCF en était le premier consommateur. Lorsque nous abordions le sujet de la conversion à l'agriculture biologique, ils pestaient vent debout contre les consommateurs qui veulent des produits de meilleure qualité mais payer toujours moins cher.

bla-bla-bla-bla, bla-bla-bla, bla-bla-bla, bla-bla-bla, bla-bla-bla, bla-bla-bla, bla-bla-bla, bla-bla-bla, bla-bla...

Dépités, nous assistions à l'égrenage consciencieux et bien rôdé d'un chapelet d'arguments à la noix agrémentés d'une sauce langue de bois que nous ne pouvions malheureusement contrer qu'en protestant en chœur et cherchant des failles dans leurs certitudes. Le temps filait et nous ne construisions rien.

J'ai personnellement cessé de croire en l'utilité de la démarche lorsque, jetant un coup d'œil par-dessus l'épaule de mon voisin, directeur d'un réseau de coopératives, qui tripotait sa tablette pendant une intervention passionnée et passionnante de Marc Dufumier, agronome des plus réputés sur les questions d'agroécologie, je constatai avec désolation qu'il était en train de consulter les soldes de ses différents comptes en banque personnels. Étant donné sa fonction, j'avais espéré au fond de moi qu'il se serait un minimum intéressé aux débats, mais non.

Sans surprise, les recommandations qui sortirent de notre atelier étaient loin d'être ambitieuses. En désespoir de cause, méthodiquement lessivés par les professionnels du lobbying, nous avons signé un consensus mou, réconfortés à l'idée qu'au moins ces quelques préconisations au rabais figureraient dans le projet de loi. Le président de l'atelier partageait notre déception, mais considérait que nous ne nous en étions pas si mal sortis, tant il avait l'habitude de ces jeux de pouvoir pipés par le poids des intérêts privés.

Qu'à cela ne tînt. J'avais eu beau jouer la timidité au milieu de mes camarades aguerris pendant tous ces ateliers, je tenais aux idées que nous avaient inspirées les découvertes sur les réalités économiques de l'agroécologie. Accompagné par un cabinet de lobbyistes professionnels, engagé à titre gracieux à nos côtés pour porter ce sujet plébiscité par ses équipes, j'ai pu repartir au front dès le projet de loi déposé afin de suggérer onze amendements[57].

57. https://fermesdavenir.org/wp-content/uploads/2018/11/Fermes-dAvenir-Propositions-amendements.pdf

Entre autres idées : « permettre aux fermes bio d'accueillir des jeunes en service civique » ou d'être « exonérées de cotisations patronales » ; « créer un dispositif de déduction fiscale pour les investissements en agroforesterie[58] » ; « rendre obligatoire la remise d'un inventaire de l'état des sols et de la biodiversité lors de la transmission ou la vente de terres agricoles » comme cela existe pour les transactions immobilières avec le DPE[59], afin d'inciter les agriculteurs à préserver voire restaurer la vie de leurs sols. Une terre morte ou presque, notée E, vaudrait alors moins cher qu'une parcelle riche en microfaune et en matière organique, classée A.

Parler de ces sujets aux députés d'opposition est très sympathique, et leurs conseils sont toujours bons à prendre, mais avec la majorité écrasante du groupe gouvernemental, cela n'est guère utile. Seuls les amendements portés par des parlementaires En Marche avaient des chances d'être adoptés. Du coup, j'en ai rencontré. Plein. Pour leur vendre ces idées.

---

58. L'agroforesterie est une pratique agricole qui consiste à intégrer des arbres et arbustes dans les champs cultivés ou pâturés.

59. Diagnostic de performance énergétique, formalité obligatoire pour vendre un bien immobilier.

Sur tous les exemples sus-cités, je me suis entendu dire au choix : « cela relèverait plutôt du projet de loi de finances (PLF) », ou « ce sera une proposition parfaite pour le « projet de loi foncier », que nous sommes en train de préparer ».

Quatre mois à parcourir les couloirs de l'Assemblée nationale, à offrir aux parlementaires une vision de l'agriculture qu'ils n'avaient pas l'habitude d'entendre.

En octobre 2018, l'un des amendements que j'avais convaincu plusieurs députés de soutenir fut voté : « Demander la remise d'un rapport gouvernemental sur les modalités d'évaluation des services écosystémiques rendus par les agriculteurs et les modèles de rémunération qui pourraient y être adossés ».

Inscrit dans le texte de loi. Victoire !

Faisant écho à la comptabilité 3K, dite en triple-capital[60], le concept de « Paiement pour services écosystémiques » nous apparaissait comme une priorité et un levier de transition attrayant : rémunérer les agriculteurs qui adopteraient de bonnes pratiques, comme juste récompense pour les économies d'argent public qu'ils permettent ainsi de réaliser. Finies,

60. Ou « multicapitaux », cf. chapitre 3.

les dépenses de traitement de l'eau pour retirer les nitrates des nappes : avec des agriculteurs bio, il n'y a tout simplement pas de nitrates. Terminée, l'explosion du cas d'autismes en raison des perturbateurs endocriniens : on arrête tout simplement d'utiliser ces poisons qui nous intoxiquent à petit feu. De l'histoire ancienne, la responsabilité de l'agriculture dans les émissions de GES : nos agriculteurs captent désormais du carbone grâce aux arbres et à cette magnifique prouesse de la nature qu'est la photosynthèse.

Cet amendement était une première étape vers la révolution du bon sens.

Mais voilà, comme il s'agissait de demander un rapport au gouvernement, le Conseil constitutionnel considéra que cela n'avait rien à faire dans la loi, et bien qu'il eût laissé d'autres articles présentant le même travers sans que cela ne lui pose de problèmes[61], il décida de censurer celui-ci, en même temps que vingt-deux autres articles présentant tous la caractéristique d'être… de saveur écologique.

---

61. Articles 25, 30 et 69 de la loi adoptée le 30 octobre 2018. https://www.legifrance.gouv.fr/affichTexte.do;jsessionid=28167BDC9C62A438241EA6645559C2AF.tplgfr36s_3?-cidTexte=JORFTEXT000037547946&categorieLien=id

Alors que depuis des années, avec Fermes d'Avenir, nous montrions à force d'exemples que l'agroécologie savait produire en quantité ; alors que nous avions réussi à caractériser la concurrence inique dont cette méthode faisait les frais face à l'agrochimie ; alors que nous montrions au quotidien que ce modèle ne manquait pas d'adeptes que nous savions former et financer ; et alors que, *last but not least*, nous avions réussi à convaincre les parlementaires, seuls habilités à changer la loi, d'explorer un mécanisme à même de faire bouger les lignes, malgré tout ça, je découvrais médusé que nos institutions étaient équipées pour faire la nique à l'intérêt général. Le Conseil constitutionnel, cheval de Troie du pouvoir exécutif au sein de l'appareil législatif, constitué de neuf personnes appelées Sages, nommées et non pas élues, ne donna aucun motif valable au blocage de ces vingt-trois amendements, parmi lesquels figurait également l'un des plus importants : le droit de vendre des semences de variétés traditionnelles, non inscrites au Catalogue officiel, à des utilisateurs non professionnels.

C'en était trop. Les lobbys privés sont partout, le pouvoir à leur botte.
J'étais au bout de l'exercice.

*
* *

Dans le premier chapitre, je vous confiais que l'agir local, bien qu'il soit la porte d'entrée de l'engagement d'un grand nombre de gens, ne me convainquait pas : pour belles et nécessaires qu'elles soient, les initiatives inspirantes sont d'après moi trop atomisées sur le territoire, trop homéopathiques, pour être le muscle moteur du changement de paradigme.

Quelques chapitres plus loin, vous me voyez obligé d'admettre qu'agir global, tenter de taper la pieuvre en son cœur, n'est pas une panacée non plus. Le pouvoir de l'argent a fait de notre Goliath un hologramme intouchable, et sa main invisible qui était censée nous garantir l'équilibre et la préservation de la maison commune lui sert en réalité à broyer les David en les assommant de coups de poing.

L'idéal est un rêve trop lointain pour être atteint. C'est une conclusion que je n'aurais pas considérée si on avait voulu me l'imposer comme hypothèse initiale. Il m'a fallu tenter, me frotter aux réalités pour constater que notre système est imperméable au changement.

Il y a de quoi devenir malheureux à persister sans perspectives de succès.
Je décidai donc de quitter Fermes d'Avenir pour entrer dans un nouveau mode.

PARTIE 2

Unité

« Je sais, un peu partout, tout le monde s'entretue,
c'est pas gai,
mais d'autres s'entrevivent, j'irai les retrouver. »

Jacques Prévert

Vous le sentez, vous le savez, le monde qu'on nous annonce nous entoure déjà et ressemble, qu'on le veuille ou non, terriblement aux dystopies imaginées par Rachel Carlson dans *Le Printemps silencieux* ou George Orwell dans *1984*.

Qu'y pouvons-nous, si c'est le sens de l'histoire ?

On le constate : les initiatives de rupture peinent à sortir de leur marginalité et à s'ensemencer, la communauté scientifique crie sans être écoutée ni même entendue, le monde de l'entreprise n'envisage pas que son moteur puisse s'être rouillé et les politiques, légitimés par une simili-démocratie, bombent le torse d'arrogance et de vanité. Et ce n'est pas faute d'essayer d'enrayer la machine : dans chacun de ces univers se nichent des conspirateurs positifs, héros de la résistance moderne qui essaient de changer les choses de l'intérieur.

Mais nous ne faisons pas le poids. Impuissants, nous le sommes.

Résignés, c'est un passage obligé. Les quelques petites victoires dans lesquelles notre optimisme trouve refuge ne sont en fait que des catastrophes qu'on évite, et le pire est qu'on se consolerait presque de notre petite situation ici en France quand on observe ce qui se passe au niveau mondial.

Soyons lucides, nous n'apprendrons sans doute pas à voler avant de toucher le fond, mais composons avec les éléments : rien ne nous empêche de jouer dans le vent, de flotter vers d'autres horizons.

Un ami du lycée devenu sociologue n'avait de cesse de souligner, en réponse à mon entêtement sur la cause écologique, que même sauvée des périls climatiques notre société serait toujours rance tant qu'elle laisserait autant de personnes sur le carreau.

Il m'invitait à laisser la place à l'humain.
À rendre hommage à ses nuances.

– 6 –

Ensemble ou rien

Nous sommes 99 %.

Le pourcent qui a fait sécession se gausse, en nous voyant paniqués et incapables de nous donner la main quand eux se sont structurés pour conserver leurs privilèges et ne renoncer à rien.

À peu de gens mais tant de moyens, c'est moins compliqué que de s'organiser à des millions sans fonds. Pourtant, s'il y a une voie à tenter, ce serait bien celle d'une vague populaire, coordonnée, en espérant la voir déferler sur le paysage politique. Mais comme un tel mouvement ne peut pas se décréter, qu'il doit naître spontanément, il est nécessaire de faire un pas de côté, de cesser de se braquer sur l'objectif pour d'abord s'assurer qu'on crée les conditions favorables à son surgissement : la confiance, l'ambition partagée, les ressources disponibles.

En matière de vague populaire, voire de raz-de-marée, une dynamique, aussi inattendue qu'improbable, a d'ailleurs fait une irruption fracassante sur l'actualité internationale, dans le sillage d'une Suédoise pleine de panache, Greta, poil à gratter de l'ordre mondial dominant. En quelques mois à son appel une génération s'est levée, ou du moins la frange mobilisable d'une génération car Greta Thunberg, si on peut lui reconnaître un charisme électrisant, n'est pas pour autant miraculeuse. Elle a évidemment permis d'agréger et rendre visible toute une jeunesse qui ne trouvait pas sa voix, mais par son discours, empreint d'une grande colère, elle perd au passage une partie de la population, qui la juge anxiogène et se sent agressée. Pourtant, une portion du ventre mou de la société, de ceux qui ont plutôt l'habitude de suivre la houle, voyant que ces sujets se font de plus en plus présents dans notre quotidien, est sur le point de basculer. Entre canicules à répétition, neige transportée en hélicoptère pour blanchir les pistes de ski et disparition des abeilles, force leur est de constater qu'il se passe quelque chose.

Mais ils ne savent pas quoi faire. Et s'ils apprécient comme tout le monde de voir à la télévision Greta passer des savons aux dirigeants du monde dans les conférences internationales, ils sourient mais zappent après.

Évidemment, il faut questionner le rôle de certains médias, qui rognent l'esprit critique en entretenant coûte que coûte une vision optimiste de l'avenir et pondèrent les catastrophes annoncées en donnant le micro à des marchands de doute. En laissant croire aux citoyens qu'il y a débat – personne ne peut dire précisément où en sont les stocks de poissons dans l'océan, les OGM, ça n'est pas si terrible que ça, on va bientôt découvrir une super technologie qui saura capter le carbone de l'atmosphère – le dérèglement climatique se fond parmi les autres sujets de société et peine à s'imposer comme le plus gros défi de l'humanité, auquel tous les autres devraient être subordonnés. Mais au-delà de la prise de conscience qui tarde à se faire massive, il y a un problème plus inquiétant encore, insidieux car c'est un mot-valise brandi en trompe-l'œil : l'érosion de la démocratie. On nous fait croire que nous sommes en démocratie, et que ceux qui se hasardent à le contester aillent faire un tour chez les dictateurs, ils verront si ce n'est pas pire. Mais franchement, à part en désignant une fois tous les cinq ans les chefs, qui prendront les décisions pour eux, à quel moment les citoyens participent-ils à la vie démocratique ? Qu'il s'agisse des pesticides ou des retraites, ces exemples montrent que l'opinion du peuple ne pèse pas grand-chose, et nos élites peuvent dire que c'est parce que nous ne comprenons pas, cela ne retire rien au déni de démocratie à l'œuvre.

Le système technico-économique est verrouillé par des intérêts privés, nos institutions sont inféodées au pouvoir de l'argent, nos organisations sont incapables de prendre en compte le temps long. Il ne pourra pas y avoir de transition écologique sans transition démocratique.

Mais, comme on n'arrive pas à hacker le pouvoir par le haut, il va falloir essayer par le bas[62].

Dans cette optique, en février 2019 à la faveur d'une conférence dans une école d'ingénieurs, je proposai à un amphi d'étudiants de lancer une dynamique citoyenne. Jetée au bon endroit au bon moment, l'idée trouva de l'écho et une dizaine d'étudiants s'en empara pour lui donner corps.

C'est ainsi que naquit l'association baptisée La Bascule, avec pour ambition de « faire émerger un nouveau modèle de société dans le respect de la nature et de l'humain, grâce à l'intelligence collective, à la coopération et aux expériences existantes

62. Et c'est reparti pour les solutions locales. Un pas en avant, un pas en arrière, un pas de côté !

dans leur diversité » et « d'accélérer les transitions démocratique, écologique et sociale en réunissant les moyens humains et financiers disponibles pour propulser, catalyser et relier les initiatives engagées en ce sens ». Cette raison d'être, comme toutes les autres décisions d'importance, nous l'avons validée ensemble : dès son lancement, le collectif de La Bascule accorda une place prioritaire à la gouvernance partagée, afin d'expérimenter nous-mêmes dans notre fonctionnement les outils d'intelligence collective et démocratiques que nous préconisons (gestion par consentement, élections sans candidats, forums ouverts, etc.).

Les objectifs de l'association se précisèrent dans les mois qui suivirent : intensifier le lobbying et l'engagement citoyens à tous les niveaux, notamment en marge des élections municipales ou de la Convention citoyenne pour le climat[63], aider à massifier et organiser des manifestations non-violentes, faciliter la coopération entre tous les acteurs de la transition, créer des lieux de vie communautaires propices à la transition personnelle

---

63. Assemblée citoyenne de 150 personnes tirées au sort pour travailler à l'élaboration de mesures pour lutter contre le dérèglement climatique et limiter ses impacts, cf. chapitre 12.

grâce à des actions de territoire – coups de main aux agriculteurs et collectifs locaux, interventions dans les établissements scolaires, facilitation de réunions dans des structures économiques.

Des années que je cherchais des idées à donner à toutes celles et ceux qui, pour ne pas désespérer face à l'énormité de la crise, veulent se rendre utiles, participer à des alternatives et créer le terreau d'un nouveau récit.

À force de rabâcher des petits gestes dont je connais les limites – manger bio, local et végétarien, se fournir dans des magasins coopératifs, arrêter de prendre l'avion, acheter le moins de choses possible, exceptionnellement neuves, changer de fournisseur d'électricité, de banque, j'ai arrêté d'y croire, d'autant que je tombe très régulièrement sur des citoyens qui font déjà tout ça, mais trépignent comme moi de ne pas en faire davantage, désespèrent d'être réduits à observer passivement.

Le plus clair de notre temps éveillé, on le passe à travailler, d'où le stade ultime de l'engagement qui consiste à quitter son métier dès lors qu'il n'est pas du bon côté de la force. À ce sujet, David Graeber[64], qui a parcouru la planète pour comprendre la notion de « jobs à la con », postulait que « *la société moderne repose sur l'aliénation de la vaste majorité des travailleurs de bureau qui sont amenés à dédier leur vie à des tâches inutiles et sans réel intérêt, tout en ayant pleinement conscience de la superficialité de leur contribution à la société*[65] ». Bien sûr le grand tournant de la « démission », le saut dans le vide qu'on hésite (de moins en moins) à suggérer, peut être vu comme radical, irréaliste.

Sans aller jusque-là, de nombreuses personnes sont prêtes à donner de leur temps, quelques heures par semaine ou des mois entiers, d'autant plus s'ils sont logés et nourris. Mais comment combler ces belles énergies ? Comment trouver des projets à impact, qui ont besoin de bras ou de têtes, vers lesquels les aiguiller ?

C'est en grande partie pour répondre à ces questions qu'est née cette folle idée de La Bascule : créer un espace-temps où les gens qui veulent se détacher

64. À l'instant où je relis le manuscrit de ce livre, nous apprenons le décès de cet anthropologue de génie qui aurait eu tant à nous apporter encore pour comprendre le naufrage de notre civilisation.

65. *Bullshit Jobs*, Éditions Les Liens qui Libèrent, 2018.

du système pourraient vivre ensemble, se rendre utiles, expérimenter de nouveaux schémas, travailler à l'autonomie, au convivialisme.

Jusqu'à quatre-vingts personnes partagent ainsi, depuis des mois, une aventure communautaire en pleine confiance, où chaque basculeur a voix au chapitre et peut prendre part à la genèse des décisions, où des organes de travail ont été définis pour dérouler le programme d'actions établi par le groupe, où tout le monde est bienvenu et chacun trouve sa place, choisit ce qu'il fait. Tous très engagés, ce sont majoritairement des étudiants en pause d'études[66] ou de jeunes diplômés qui ne trouvent pas vocation qui leur sied, mais il y a aussi des personnes plus âgées qui investissent cette aventure comme un terrain de jeux, fabuleux laboratoire où tester tout ce qu'ils n'ont jamais réussi à mettre en œuvre dans le monde professionnel traditionnel.

Et comme une telle expérimentation ne peut pas se vivre à distance, que la rencontre physique est une impérieuse nécessité, tout ce petit monde s'est installé à Pontivy dans une ancienne polyclinique désaffectée

66. Ou ne savent pas exactement où ils en sont de ce côté, au grand dam de leurs parents ahuris.

mise à disposition par le propriétaire : 6 000 m^2 pour laisser libre cours à l'imagination organique du collectif, allant des toilettes sèches à chaque étage aux cinquante panneaux photovoltaïques sur le parking, en passant par la discothèque au sous-sol ou la serre de légumes à l'accueil.

À peine débarqués, les basculeurs ont fait le tour des voisins, des paysans et Gilets jaunes du coin, des associations locales, pour créer des passerelles et provoquer des raisons de les emprunter.

La vie en communauté a ceci d'incroyable qu'elle impose un va-et-vient perpétuel entre la théorie et la pratique : dans une intimité au quotidien, la bienveillance, le respect et l'organisation sont des ingrédients indispensables, autant dans l'intention que dans les actes. Habiter et prendre ses repas ensemble permet aussi l'émulation propre à ceux qui sont sur le même bateau, et La Bascule m'a d'ailleurs fait penser à ce que devaient vivre les marins qui s'embarquaient pour des destinations inconnues, à l'époque des grands explorateurs : l'excitation de se sentir précurseurs, l'incertitude du résultat, la responsabilité d'être investis de l'espoir des autres.

Ne connaissant pas bien notre port de destination, une attention toute particulière s'est naturellement portée sur la traversée elle-même, le chemin. Grosse découverte pour moi qui, un peu bulldozer sur les bords, n'avais réellement été mû jusque-là que par l'objectif, invoquant pour justifier ce travers le besoin d'efficacité et l'importance du résultat. Mais puisque aucune des expériences que j'avais menées dans un schéma classique n'avait vraiment atteint son but[67], je n'avais clairement rien à perdre à essayer la gouvernance partagée ou l'holacratie, et c'est l'Université du Nous, spécialiste en méthodes d'intelligence collective, qui nous plongea dans cet univers.

Alors bien sûr, la technique paraît fastidieuse puisque chacun mérite que ses contributions soient examinées, que ses objections soient reçues comme des cadeaux qui permettent de bonifier la décision à prendre, mais je crois qu'il ne sera pas possible, ni souhaitable d'ailleurs, qu'une personne seule parvienne à rassembler massivement autour de sa seule vision du monde, peu importe qu'elle ait consulté largement pour la formuler. Accorder à tous ceux qui le souhaitent la possibilité de co-élaborer un

67. Changer le monde.

projet est le gage qu'ils en soient des ambassadeurs investis capables de fédérer une communauté robuste et les garants sur le long cours de la fidélité aux ambitions initiales.

Tant pis si ça prend plus de temps, ça n'est vraiment qu'ensemble qu'on peut aller plus loin.

Cela étant dit, l'aventure de La Bascule, qui se prolonge aujourd'hui dans de nouveaux lieux (dont un couvent en Bretagne donné à l'association), n'a pas été de tout repos.

Il a d'abord fallu lever toutes les craintes des acteurs associatifs de la transition qui, pour accepter de coopérer, veulent au préalable s'assurer de la pureté des intentions et prévenir toute concurrence possible. Cliver, diviser est simplissime. Unir est d'une complexité sans nom. Le monde militant s'empêtre tellement dans les querelles de chapelle, sombre si souvent sous l'assaut du PFH[68], que nous n'avons pas économisé nos efforts, en amont, pour montrer patte blanche : La Bascule ne serait jamais un parti politique, elle fonctionnerait par responsabilités et non hiérarchie, nous ne reproduirions rien qui existe

68. PFH : Putain de facteur humain.

déjà mais nous mettrions plutôt au service d'initiatives d'avenir pour les propulser. C'est grâce à ces lignes rouges que les basculeurs ont pu s'engager dans des champs variés aux côtés d'organisations inspirantes, pour accompagner méthodologiquement des listes participatives aux élections municipales, soutenir la Convention citoyenne pour le climat, s'impliquer dans l'organisation de manifestations climat, faciliter des réunions et des événements grâce à des méthodes d'intelligence collective.

Un épisode marquera particulièrement cette première année pour nous avoir secoués sans sommation, tout en présentant l'intérêt d'avoir levé un gros lièvre caché dans le monde activiste.

Pour ouvrir un débat constructif à la pointe des réflexions, nous avions prévu d'organiser l'An Zéro, un rassemblement d'élus[69], activistes[70], représentants

69. François Ruffin, Delphine Batho, Marie Toussaint, Damien Carême, Anne Hidalgo…

70. Priscillia Ludowsky, Cedric Herrou, Mohamed Mechmache, Claire Nouvian…

de structures engagées[71], personnalités inspirantes[72], scientifiques et de quelques médias. Nous espérions accueillir des (dizaines de) milliers de citoyens pour leur offrir une expérience transformatrice. Nous avions prévu des villages à thèmes pour toutes les affinités et une affiche inespérée s'annonçait côté musical et artistique. Malheureusement, j'avais eu la mauvaise idée d'envisager cette fête sur le plateau de Millevaches, réputé pour la beauté de ses paysages et villages, mais également pour le niveau d'engagement politique de sa population. Peu enthousiastes à l'idée de voir débarquer un gros festival sur leurs terres, quelques militants du coin nous ont pris dans leur viseur et, à coups de tribunes à charge dans des médias libertaires et de menaces de sabotage de notre événement, ont mis toute leur énergie à en empêcher la tenue.

Leur raisonnement était clair : le système ne dispose pas, en son sein, de l'antidote au mal qui le ronge. Personne ayant un lien avec l'oligarchie, avec la classe aux manettes, ne peut nous sortir de ce monde injuste et écocidaire. La solution ne se trouve que dans

71. Geneviève Azam pour Attac, Thierry Kühn pour Emmaüs, Txetx Etcheverry pour Alternatiba, Mathilde Imer pour les Gilets Citoyens...

72. Nicolas Hulot, Cyril Dion, Pablo Servigne, Cécile Renouard, Arthur Keller...

l'implosion du modèle, dans la chute des institutions, dans l'anarchie. Cela étant posé, ils considèrent comme une fumisterie de réunir les gens que nous annoncions pour les faire débattre de stratégie, pour tenter d'amorcer un front populaire écologique. Ils trouvent même qu'en proposant un tel événement, nous ne sommes plus dangereux pour le cours des choses que des employés d'Areva ou de Monsanto : eux précipitent l'effondrement salvateur alors que nous, nous le retardons, lui offrons un répit, en ouvrant le dialogue.

Cette vision radicale, nécessaire au paysage idéologique, perd de sa force et ses soutiens potentiels quand elle s'éloigne de la tolérance, et tant qu'elle ne s'accommodera pas d'autres écoles que la sienne, la sauce de la résistance aura du mal à prendre.

Anecdote cocasse pour illustrer les grands écarts de notre monde : alors que nous bataillions pour trouver un terrain d'entente avec cette ultra-gauche, le paysan chez qui nous prévoyions d'organiser l'An Zéro m'appela, désabusé. Il subissait de son côté la pression des éleveurs du coin qui voyaient d'un très mauvais œil la tenue sur leurs terres de cet événement militant. Redoutant d'être mis à l'index par une troupe d'ayatollahs végans écolos, ils menaçaient de bloquer tout le secteur avec leurs gros tracteurs.

Nous étions pris en étau : pas assez rouges pour les uns, trop verts pour les autres, compliqué d'avancer.

Les étoiles ne voulaient pas s'aligner sur ce projet. Après quelques semaines à se faire retourner dans l'essoreuse aigre et lapidaire[73] des opposants, quand la joie initiale n'était devenue qu'un sac de tension, à moins d'un mois de la date nous avons pris la dure décision d'annuler l'An Zéro, afin de prévenir de très probables débordements et éviter de mettre un terme prématurément, pour des raisons de sous ou d'image, à l'histoire de La Bascule.

Au final, grâce à la gouvernance très inclusive de l'association et à la maîtrise acquise en quelques mois des cercles de discussion, l'échec de l'annulation fut relativisé très rapidement et La Bascule ne cesse de rebondir depuis, avec l'ouverture prévue d'autres lieux et un programme d'actions à la hauteur de la détermination des volontaires, de plus en plus nombreux.

*

* *

73. Sorte de tambour de machine à laver rempli d'amertume qui tourne très vite avec des pierres dedans. Fonctionne mieux connecté aux réseaux sociaux.

Cher lecteur, que tu sois réformiste, révolutionnaire, plus mobilisé sur les questions de justice sociale, de climat, d'érosion du vivant, du plastique, de la pub, ou engagé sur le sujet des crises migratoires, du racisme, de l'égalité femmes-hommes ou des libertés individuelles, quelle que soit ta sensibilité, rejoins les mouvements qui t'inspirent, rencontre des personnes qui s'impliquent, participe, donne ton avis, essaime. Ce n'est qu'ensemble que nous parviendrons à retourner la table autour de laquelle discutent les 1 %.

Et au fait, il y aura toujours des moralisateurs pour dire que tu ne fais pas ceci assez bien, cela comme il faut, et peut-être même parfois leurs remarques pertinentes te feront réfléchir. Mais n'oublie pas que s'ils trouvent autant de temps pour critiquer c'est qu'ils n'ont pas encore découvert, de leur côté, le bon créneau pour agir.

– 7 –

POKER MENTEUR

Pendant plusieurs mois, les Gilets jaunes ont remis la lutte des classes sur le devant de la scène et, par la suite, l'enchaînement des grèves professionnelles contre la réforme des retraites a distillé dans les esprits cette sensation exaltante que tous les combats s'agrègent, qu'un front se lève contre un adversaire commun.

Comme toujours dans l'histoire, c'est bien un petit groupe de personnes déterminées qui fera basculer le cours des choses, et la persévérance des manifestants qui se sont opposés pendant près de dix-huit mois à la politique libérale de Macron force le respect. Contester dans un climat de répression policière si affligeant est héroïque.

Je ne sais pas si le système vacillera par la rue et donc, même si je participe régulièrement aux manifs, je suis partisan d'un plan B au cas où ça ne fonctionnerait pas, histoire de ne pas tout miser sur les 3 %[74] de résistants confirmés. Avec trois-quarts des actifs qui sont des salariés, vu la fragilité de notre économie, mon intuition me dit qu'un arraisonnage avec les rameurs du privé ne serait pas une mauvaise opération. Acrobatique : condamner le capitalisme sans insulter l'ensemble des entreprises, dont certaines sont nécessaires et vertueuses, dénoncer la surconsommation sans tourmenter des millions de travailleurs qui fabriquent des biens à l'utilité relative mais n'ont généralement pas d'autre choix pour vivre.

Au cœur des entreprises se sont réveillés des milliers de gens, conscients du tragique de la situation et acquis à la puissance du dialogue, de la coopération, qu'il serait injuste de dédaigner sous prétexte qu'ils seraient « au service » du capitalisme. Ils articulent péniblement leur quotidien autour des injonctions de croissance, de productivité, de rendement, de concurrence. Et beaucoup d'entre eux s'échinent à corriger cela pour redonner du sens à leurs journées.

---

74. Chiffre non sourcé, évidemment, mais on ne doit pas être loin de la réalité.

Je me rappelle, lors d'une projection-débat du film *On a 20 ans pour changer le monde*, une femme, ostensiblement engagée et radicale, m'expliquant que si tout le monde avait son potager les problèmes d'alimentation seraient réglés. Alors que je lui demandais ce qu'il fallait faire avec l'immense majorité des Français, qui se fournissent dans des grandes surfaces, elle me répondit sans ambages : « On n'a qu'à les brûler[75] ! ». Clivages, violence.

Pour ne pas perdre l'essentiel des troupes en chemin, il nous appartient d'être inclusif, de laisser une place à chacun dans le chantier de transformation qui se profile. Et les entreprises ont forcément leur rôle à prendre. Se positionner contre elles n'a aucune chance d'aboutir, leurs appuis cèderont peut-être sous le poids d'un krach économique, mais pas sous la pression citoyenne – leur arsenal de persuasion au plus proche du pouvoir politique et les 20 milliards[76] dépensés en publicité chaque année pour s'introduire dans nos « cerveaux disponibles » atteignent leurs

---

75. Après vérification, elle parlait des grandes surfaces. Pas des clients.

76. https://fr.statista.com/themes/2756/le-secteur-publicitaire-en-france/

cibles[77] –, il faut donc trouver un moyen de les associer aux dynamiques du changement. Ce qui ne signifie pas être naïf ou renoncer au rapport de force avec les dirigeants et leurs douces promesses de mieux faire. Au contraire, il convient de l'intensifier, ce rapport de force, en faisant valoir qu'au sein de leur écosystème, leurs salariés et clients ne les soutiennent plus, que leur base s'effrite, que la dissonance entre leurs discours et leurs actes devient insupportable aux yeux du monde. D'aucunes s'achètent une bonne conscience en redistribuant une partie de leurs bénéfices à des causes d'intérêt général, et c'est tant mieux, mais c'est loin d'être idéal puisque cela légitime d'une certaine manière leur raison d'être, pérennise le système qui les fait reines. Ce n'est donc qu'une étape.

Nos politiques ont échoué[78], malgré les pouvoirs qui leur sont confiés, à endiguer les crises – le creusement des inégalités, la fragilisation du contrat social et l'effondrement des écosystèmes –, hypothéquant ainsi notre capacité future à habiter à plusieurs milliards

77. Coluche disait il y a quarante ans déjà : « Quand on pense qu'il suffirait que les gens n'achètent plus pour que ça ne se vende pas ! » Depuis, les consciences ont crû, mais ce qui croît bien plus, c'est la consommation.

78. Ou plus vraisemblablement, ils n'ont pas essayé.

cette maison commune. Ils n'ont jamais eu l'audace de contraindre les chefs d'entreprise à quoi que ce soit de significatif pour inverser les courbes. Il est encore aujourd'hui beaucoup plus rentable d'ignorer les normes environnementales et payer les éventuelles amendes que de les respecter[79], ce qui laisse tout de même songeur sur la fabrique de nos lois.

Quand l'éthique les déserte, les dirigeants se fichent globalement de nous.
Voici venue l'heure d'interroger l'utilité même de l'entreprise, de mettre à nu le cœur de ceux qui les pilotent, de faire entendre raison aux actionnaires.

L'économie et le secteur privé sont au bout d'un cycle et vont devoir se réinventer. À nous, citoyens, d'imposer que la création de richesses soit conditionnée à la préservation, voire la régénération, des capitaux naturel et humain. Cela suppose bien évidemment d'agir sur le cœur du réacteur de l'entreprise, de refonder sa pratique de la gouvernance, de la doter d'une nouvelle calculette pour compter ce

---

79. Ce qui est également le cas pour l'obligation d'employer des personnes en situation de handicap, OETH, souvent contournée par les entreprises qui préfèrent verser une contribution annuelle pour chacun des bénéficiaires qu'elles auraient dû employer.

qui compte vraiment, qu'elle admette la vérité sur sa réelle empreinte écologique et sociale.

Peut-être sera-t-il un jour communément admis que certaines activités n'ont pas lieu d'être, qu'elles sont tout simplement, et resteront, écocidaires. La vie est trop courte pour ne pas choisir ses « combats », et vu la quantité de chantiers qui nous attend, nous pouvons sans mal mettre à contribution tous les entrepreneurs de la place, il y a du boulot pour tout le monde et nous saurons sans mal recycler ceux dont la mission actuelle n'a pas sa place dans le monde d'après.

Les capitaines d'industrie sentent bien qu'ils n'emporteront pas leur fortune ou leurs succès professionnels au paradis, que tout ce qu'ils auront achevé au détriment de la nature ou de leurs congénères sera lu avec ce prisme par les historiens du futur.

Faute de meilleure idée, j'ai donc décidé de tenter d'élargir cette brèche, en attaquant par deux angles différents pour voir si l'un d'eux fonctionnerait mieux.

Mode bourrin *versus* comité huilé.
Deux grosses multinationales bien décriées.
Parce que si elles ne changent pas, changer les autres ne changera rien.

Coca. 12 millions de bouteilles plastique chaque heure[80]. Le géant mondial du soda est aussi champion de la pollution, et semble se contreficher royalement d'asphyxier les océans. Des associations comme Greenpeace attaquent sans relâche l'inconséquence de la firme, déroulent des campagnes mettant en cause ses pratiques, sa désinvolture et ses mensonges. Loin de moi la prétention de faire mieux que la si précieuse ONG écologiste dont la ténacité et la créativité sont à la hauteur des fléaux qu'elle dénonce, mais animé par la conviction qu'il faut acculer les pollueurs de toutes parts, avec un ami à la pointe du sujet, nous avons tenté de secouer la fourmilière de l'intérieur. Savourez l'instant, parce que je brise le suspense d'emblée : non, les plages ne sont pas sauvées et oui, Coca continue à augmenter les dividendes versés à ses actionnaires.

Julien Wosnitza, une tête brûlée qui, à vingt-quatre ans, a acheté un trois-mâts de 47 mètres pour récupérer du plastique flottant au large des côtes[81], a par ailleurs imaginé une mécanique pour juguler le flux arrivant dans les océans : comme 90 % des déchets

80. https://www.novethic.fr/actualite/environnement/recyclage/isr-rse/le-chiffre-coca-cola-produit-plus-de-100-milliards-de-bouteilles-plastiques-par-an-144883.html

81. www.wingsofteocean.com

proviennent de dix grands fleuves[82], l'idée serait de faire naviguer des catamarans à l'embouchure desdits fleuves, équipés de chaluts de surface pour récupérer les débris flottants. Une dizaine de voiliers par delta, secondés par un plus gros navire type thonier, accosté à la berge et capable de recevoir la pêche miraculeuse, puis la trier pour en faire de grosses balles de plastique compressé. Ces balles sont ensuite envoyées dans un centre de traitement qui, par pyrolyse, transformera le tout en plastique recyclé ou carburant.

Bien sûr, tout ceci ne sert absolument à rien si les entreprises continuent à nous inonder d'emballages. La refonte de notre modèle industriel pour substituer les boissons standardisées à rayonnement international par des productions locales, autant que la recherche d'alternatives aux polymères pétrosourcés, doivent évidemment être considérées comme des priorités. Mais comme à chaque seconde qui passe, ce sont 250 kilos de plastique qui s'échappent dans les océans, il y a aussi un petit enjeu à traiter l'hémorragie. C'est l'angle choisi par Julien et son association, et suite à la diffusion d'un épisode de *Cash Investigation* dans lequel le président de Coca regrettait de ne

82. https://pubs.acs.org/doi/full/10.1021/acs.est.7b02368

pas parvenir, faute de « matière première », à tenir ses objectifs de 25 % de plastique d'origine recyclée dans ses bouteilles, Julien l'a interpellé via une lettre ouverte pour lui dire que ça ne tenait qu'à lui d'en trouver, de la matière première.
Y en a plein les rivières.

Deux jours plus tard, merci les réseaux sociaux sur ce coup-là, la directrice RSE de la marque américaine proposait un rendez-vous auquel Julien me demanda de venir.

Elle trouvait l'idée des catamarans fabuleuse.
Et nous proposait de la référencer sur la plateforme Coca des bonnes initiatives en faveur du plastique.
Super.

À notre moue, elle compléta : leur Fondation d'entreprise finance parfois ce genre d'initiatives, mais jamais au niveau du montant que nous sollicitions (2 millions d'euros pour faire la « Proof of Concept » sur un des dix fleuves), et elle-même était prête à donner un avis favorable, sans garantie toutefois et, de toute manière, il faudrait attendre la prochaine commission.

Dans cinq mois.

Le temps que 3,2 millions de tonnes de plastique en plus dérivent dans les océans.
Dont la moitié de bouteilles Coca.
Enjoy.

Quand un enfant met le bazar dans sa chambre, on le force à ranger, il n'a pas le choix et tout le monde trouve ça logique. Là, c'est une multinationale qui souille l'environnement, mais comme elle crée du PIB on ne veut surtout pas la froisser en lui imposant quoi que ce soit.

Julien avait eu l'idée effrontée de tourner une petite vidéo pour annoncer la réunion et présenter nos doléances, et Guillaume Canet l'avait relayée le matin même ce qui fit grimper le compteur à près de 100 000 vues en quelques heures. Pas satisfaits de la réponse de notre chère cadre dirigeante, fidèle à sa crèmerie depuis plus de vingt-cinq ans, nous lui montrâmes la vidéo, histoire de lui mettre la pression et de lui tendre la main : nous sommes là pour vous aider, Madame, à sortir de cette situation que vous vivez certainement mal.

Quelques mails de relance, auxquels elle répondait de manière molle mais courtoise, sans l'ombre d'une ouverture du chéquier ou de ses chakras, finirent de décevoir nos espoirs inavoués. Notre dernier message, sous forme de mise en demeure, précisait que l'étape suivante serait judiciaire, listant les articles du Code civil sur lesquels nous comptions nous appuyer[83].

L'issue était connue d'avance, mais pour une fois cette dame affrontait, en direct, la rage, la passion, les remontrances de militants. Le rapport de force avec

83. Article 1246 - Toute personne responsable d'un préjudice écologique est tenue de le réparer.
Article 1247 - Est réparable, dans les conditions prévues au présent titre, le préjudice écologique consistant en une atteinte non négligeable aux éléments ou aux fonctions des écosystèmes ou aux bénéfices collectifs tirés par l'homme de l'environnement.
Article 1248 - L'action en réparation du préjudice écologique est ouverte à toute personne ayant qualité et intérêt à agir, telle que l'État, l'Agence française pour la biodiversité, les collectivités territoriales et leurs groupements dont le territoire est concerné, ainsi que les établissements publics et les associations agréées ou créées depuis au moins cinq ans à la date d'introduction de l'instance qui ont pour objet la protection de la nature et la défense de l'environnement.
Article 1249 - La réparation du préjudice écologique s'effectue par priorité en nature.
En cas d'impossibilité de droit ou de fait ou d'insuffisance des mesures de réparation, le juge condamne le responsable à verser des dommages et intérêts, affectés à la réparation de l'environnement, au demandeur ou, si celui-ci ne peut prendre les mesures utiles à cette fin, à l'État.
L'évaluation du préjudice tient compte, le cas échéant, des mesures de réparation déjà intervenues, en particulier dans le cadre de la mise en œuvre du titre VI du livre Ier du code de l'environnement.

une parole franche et sans filtre gagne en consistance. Ce n'était pour ma part qu'un coup de bluff, une de ces bouteilles (en plastoc) qu'on jette à la mer en se disant « au pire, ça marche ! », mais je n'ai pas assez de jetons de vie à mettre sur le tapis pour voir quelles cartes elle a encore en main.

Si quelqu'un parmi vous veut reprendre le flambeau, go[84] ! Je vous file son numéro...
Julien, lui, est reparti sur l'eau avec son bateau. Sans sous mais la conscience tranquille, ce qui de toute manière ne s'achète pas.

Carrefour. Après le premier contact tumultueux, j'avais continué à échanger avec les différentes directions du groupe : filières, produits frais, développement durable, recherche & innovation. Croyez-moi ou pas, mais mes interlocuteurs là-bas sont des gens concernés, pas cyniques, éclairés sur les défis et leurs freins opérationnels. Au cours des états généraux de l'alimentation, j'avais été scotché par la position exprimée par le représentant de la firme, porte-parole d'un jour pour l'Ania[85] : il collait l'État

84. Dans un autre registre, le Media engage des procédures de grande ampleur à l'encontre de multinationales et de très grosses fortunes : https://www.youtube.com/watch?v=JIY2RWedYB0.

85. Association nationale des industries agroalimentaires.

au mur en affirmant que ce que le pouvoir régalien n'osait pas faire, son enseigne de grande distribution s'y attaquerait, notamment sur la libéralisation des semences, la lutte contre le gaspillage ou l'aide à la conversion.

Quand ils me proposèrent de rejoindre un comité de transition alimentaire pour conseiller le patron du groupe, et que je découvris sa composition, je n'hésitai pas une seconde. Sans aucune forme de rétribution, nous nous y sommes retrouvés avec un agriculteur à la pointe de la conservation des sols, président de l'Apad[86], une médecin-chercheuse spécialiste des liens entre cancer et alimentation, la fondatrice d'OpenFoodFrance (une plateforme coopérative qui aspire à banaliser le circuit court), le PDG d'une énorme entreprise connue pour ses yaourts et ses bouteilles en plastique (quelle plaie...), une entrepreneuse brillante à la tête de la première appli antigaspi et un grand chef restaurateur.

Accueillis par le PDG de l'enseigne, nous fûmes mis au parfum d'emblée : il voulait se faire bousculer.

86. Association pour une agriculture durable, qui regroupe plus de 500 agriculteurs pratiquant l'agriculture de conservation des sols (ACS), système de production basé sur la protection des sols : couverture végétale permanente du sol, semis sans travail du sol, diversité et rotation des cultures.

Ça m'en rappelle un autre qui a aussi demandé ça aux jeunes engagés pour le climat. Résultat des courses : il s'en est fallu d'à peine cent citoyens bariolés assis au milieu d'un pont pour qu'il sorte l'artillerie lourde et asperge tout le monde de gaz lacrymo[87]. Mais notre hôte PDG, lui, avait le mérite d'être face à nous, et pas caché derrière un CRS. Et on l'a chahuté, on ne s'est pas privés.

François cria pour les agriculteurs, écrasés par les prix d'achat du distributeur et prêts à adopter de meilleures pratiques sous réserve d'être accompagnés, Caroline rappela l'état des recherches qui valident le lien entre les produits phytosanitaires et des problèmes de santé, et Myriam dézingua le modèle économique et social des supermarchés, pour vanter les initiatives coopératives intégrées au tissu local. Emmanuel, quant à lui, pointa du doigt la pression de la grande distribution sur les industriels et partagea quelques idées novatrices que sa marque avait expérimentées, Lucie rapporta l'insanité des DLC[88] pour les

87. En juin 2019, des militants d'Extinction Rebellion (cf. chapitre 10) ont tenté de bloquer le pont de Sully à Paris, quelques minutes à peine après le début du sit-in totalement pacifique, un bataillon de CRS a allègrement aspergé de gaz lacrymogènes les manifestants placides.

88. DLC : Date Limite de Consommation, très souvent absurde.

produits secs et rappela l'évidence du vrac, et Jean pesta sur la disparition des saisons dans les rayons et la domination du plat préparé. Pour ma part, plus poliment qu'avec son ex-collaborateur quelques mois plus tôt en public, je lui resservis tout mon menu de griefs, CICE inclus, avant d'insister sur la piste de la comptabilité 3K.

De son propre aveu, il sortit chancelant du premier round.

Avec un air de confidence, il nous expliqua que le lendemain se tiendrait, dans la même salle, une réunion avec les principaux actionnaires du groupe, ajoutant : « Malheureusement, ils sont à des milliers de kilomètres de ce dont on vient de parler. »

C'est bien pour ça qu'on était là : le reprogrammer, lui, exécutant de la stratégie à l'interface de l'opérationnel et des propriétaires, et lui donner des cartouches efficaces, capables de forcer la main de ses administrateurs et leur faire acter un changement de cap.

Accompagné par le directeur de l'engagement

sociétal, facilitant le travail avec les services, chacun de nous a pu dérouler son idée phare et négocier les conditions de succès : en quelques mois, les équipes de la grande enseigne ont donné corps à plusieurs expérimentations qui, à date, continuent de suivre leur cours. Ils ont décidé de financer un programme doctoral (une thèse) sur la comptabilité multicapitaux, plus de cent références ont été délestées de leur emballage, économisant pour la France 58 tonnes de plastique sur les fruits et légumes et près de 3 000 au total. Un magasin franchisé à Loos-en-Gohelle s'essaie à la gouvernance partagée et se met à la monnaie locale, et l'enseigne s'engage à soutenir un nouveau label pour la conservation des sols, énorme enjeu pour soutenir la transition des agriculteurs.

Ce n'est pas le grand soir, mais après s'être fait secouer dans tous les sens, ils sortent quand même quelques biscuits apéritifs.

*

* *

Et alors du coup, ces pages pour vous dire quoi ?

Que ça n'existe pas les gentils, les méchants.

C'est bien plus compliqué, pas tout noir ou tout blanc,
Mais on est tous ensemble, est-ce qu'on a le choix ?

Moi ça me plaît, cette sensation qu'on est tous frères,
On n'est pas obligés d'obéir à tout ça,
Au modèle économique complètement dément,
Où tout ne se décide que par et pour l'argent,
À nous de remettre notre monde à l'endroit.
On n'a plus qu'une mission, régénérer la terre.

Pas de souci, mais on commence par où, par quoi ?
Méditons, aimons, donnons et connectons-nous,
Sauvegardons, replantons et rebellons-nous,
Et dès maintenant, partout, envoyons de la joie.

Donc en avant !
(Parce que la marche peut être arrière.)

PARTIE 3

Présent(s)

« *Some people are so poor, all they have is money.* »

Bob Marley

J'ai du mal à introduire la suite. Plusieurs personnes m'ont demandé si cela faisait du sens ici, si dans un essai « de projets et d'actions », il convenait de laisser une place à l'introspection.

En mode entrepreneur ascendant guerrier, on a peu l'habitude et encore moins le réflexe de prendre du recul, de sortir de l'urgence pour clarifier la trajectoire, les objectifs. Pas évident cependant de moquer cette pratique ou dénigrer les conseils de personnalités inspirantes – comme un Pierre Rabhi, un Edgar Morin ou même le Pape François[89] – qui affirment que la vraie révolution est intérieure : leur parole vaut presque évangile !

Mais pour ma part, je dois admettre que j'ai accumulé des livres de Krishnamurti pendant des années sans jamais les ouvrir, considérant peut-être que le fait de les avoir sur ma table de chevet me transmettrait leur sagesse par magie, pendant la nuit. Toujours dans la course, à enchaîner les rendez-vous et multiplier les initiatives, j'avais l'impression que les invitations à ralentir, à se recentrer, à apprendre à se connaître, à cultiver des relations, avec soi ou les autres, en profondeur, ne m'étaient pas adressées. Ma mission se situait sur autre plan : plus vaste, tournée vers des enjeux globaux, elle impliquait que je mette ma personne entre parenthèses, que je reste concentré sur les objectifs, ne laissant aucun créneau pour me regarder le nombril, puisque c'est l'expression consacrée.

Puis peu à peu j'ai réalisé que l'agitation qui composait mon quotidien n'avait aucun sens si le bonheur ne

89. Dans l'encyclique « Laudato Si ! » publiée en 2015, le Pape François dresse un constat remarquable de la crise actuelle, de son caractère systémique et de l'importance de la spiritualité, de l'alignement intérieur, pour la résoudre.

transpirait pas, n'était pas présent en chaque instant. J'ai compris qu'on pouvait être sur la bonne voie mais à côté de la plaque. Faire des dégâts en pensant faire le bien.

« Le résultat ne t'appartient pas. »
Il m'a fallu longtemps pour comprendre cette phrase, pour m'en convaincre. Arriver à ses fins est plus incertain, et importe moins, que savoir discerner la beauté de chaque petit pas, l'essence de ce que l'on a choisi de faire, la force de l'équilibre.

Je ne sais toujours pas si les témoignages qui suivent ont leur place dans ces pages, mais j'ai envie de les partager car je pense profondément que ce sont des pistes de construction personnelle, d'engagement, qui méritent d'être considérées. Et puis ces expériences reflètent mon itinéraire : après ma prise de conscience écologique, j'ai plongé dans le grand bain de l'action, puis me suis intéressé à la diversité des solutions et à la place de l'humain, avant de chercher un sens à tout ça. En ce qui me concerne, les étapes se sont présentées dans cet ordre, mais il n'est pas dit qu'il doive en être ainsi pour tous. Chacun déroule la vie à sa manière.

Partageons ce qui nous constitue.

– 8 –

Dharma

J'avais coutume de dire : « J'ai vécu deux révolutions dans ma vie. »
Les mots sont des fenêtres et les champignons hallucinogènes.

Les mots sont des fenêtres[90] est probablement le livre que j'ai le plus offert à des amis, il pose toutes les bases de la très mal nommée « Communication NonViolente » (CNV) ; terme qui laisserait donc à penser que les autres types de communications seraient violentes, hypothèse pour le moins biaisée. Cela n'enlève cependant rien aux pouvoirs de cette technique que Marshall B. Rosenberg, l'auteur de

90. *Les mots sont des fenêtres (ou alors ce sont des murs) – Introduction à la Communication NonViolente,* Marshall B. Rosenberg, Jouvence éditions, 1999.

ce bouquin qui m'a littéralement bouleversé il y a une dizaine d'années, définit ainsi :

« *La Communication NonViolente, c'est la combinaison d'un langage, d'une façon de penser, d'un savoir-faire en communication et de moyens d'influence qui servent mon désir de faire trois choses :*

– me libérer du conditionnement culturel qui est en discordance avec la manière dont je veux vivre ma vie ;

– acquérir le pouvoir de me mettre en lien avec moi-même et autrui d'une façon qui me permette de donner naturellement à partir de mon cœur ;

– acquérir le pouvoir de créer des structures qui soutiennent cette façon de donner. »

C'est une méthode, qui demande énormément d'entraînement et d'implication avant de devenir une habitude, et même si je suis trèèèès looooiiin de maîtriser la chose, je témoigne que la mettre en application dans certains contextes est d'une efficacité redoutable pour déminer de susceptibles conflits, éviter des prises de tête inutiles, sauver des relations qui semblaient condamnées. Quand on sent qu'une discussion s'envenime, on enclenche cette tactique et tout se règle. Ou pas, mais ça augmente les chances !

Le principe, assez trivial sur le papier, est un univers à visiter : derrière toute phrase se cache une observation, un sentiment, un besoin ou une demande (OSBD). L'art de la CNV, pour faire retomber la pression lorsqu'une querelle point, est d'identifier à quel niveau (OSBD) se situe son interlocuteur puis de l'amener, progressivement, à reformuler jusqu'à aboutir à une demande claire, à laquelle on peut ou non répondre. Derrière une observation, qui doit être décrite sans jugement, se trouve un sentiment, qu'il est important d'exprimer en utilisant la première personne « Je », et derrière ce sentiment se cache un besoin, qu'il faut parvenir à identifier pour qu'en découle une demande.

Compliqué de résumer une technique si puissante en quelques lignes. Ce qu'il est utile de retenir, c'est que si, lorsque votre compagnon vous dit « La vie est dure », vous ne savez pas quoi lui répondre à part « Ben non, t'as tout ce qu'il te faut », allez faire un tour du côté *des Mots sont des Fenêtres*, vous y trouverez peut-être quelques bons conseils pour aider celui qui galère et demande de l'aide.

Bref, je recommande vivement cette lecture, vous l'aurez compris.

Les champignons, c'est plus délicat d'en parler, forcément.
C'est une exploration d'un bon paquet de pourcents de son cerveau qu'on ne consulte jamais, une introspection profonde pour confirmer que « la » réalité n'est qu'une vue de l'esprit et donner à sa créativité de stupéfiants ressorts, sans limites. Je précise : je n'en ai plus mangé depuis plus de quinze ans, mais j'assume volontiers cette petite période d'enquête aux portes de la perception, qui me laisse à penser que des années de psychothérapie pourraient être évitées à des milliers de gens si ces substances, que certains utilisent plus comme des médecines que des drogues, étaient autorisées d'une manière ou d'une autre.
Comme d'autres plantes psychotropes, les champignons permettent de faire des connexions insoupçonnées entre des idées, de se promener dans le sensible avec l'acuité du sensoriel, de découvrir la relativité de toute chose. Le « bad » ambiant du monde n'en devient pas moins « bad », mais ça rend le beau plus beau.
Assis en tailleur sur mon lit ou déambulant dans une forêt, j'ai passé un certain nombre d'heures à apprendre à déceler l'essentielle beauté qui se cache

en toutes choses, à comprendre combien l'on pouvait, pour peu qu'on s'y attarde, trouver derrière chaque objet, chaque situation, chaque être, un paradigme propre. Si bien que sur la trousse qui servait à ranger mes stylos, j'avais fini par écrire : « La réalité est une illusion créée par l'absence de drogue », pour la plus grande perplexité de mes professeurs.
Je ne m'étendrai pas plus car jamais je n'ai fait ni ne ferai de prosélytisme en la matière, c'est une affaire bien trop personnelle.

J'avais coutume de dire : « J'ai vécu deux révolutions dans ma vie. »
Je dis désormais : « J'ai eu trois révolutions dans ma vie. »
Les mots sont des fenêtres, les champignons hallucinogènes. Et la méditation.

Des années que ma femme me fouettait, à coups de grosses perches, pour m'inviter à faire du yoga ou à pratiquer toute autre discipline de l'énigmatique – à mon sens – champ du développement personnel. M'exhortant à prendre soin de moi, à ne pas être en permanence le nez dans le guidon, à trouver une manière d'apprivoiser le stress et les émotions.
Il y a quelques mois, une occasion s'est présentée à point nommé.

Une amie lumineuse, Marianne Leenart, s'était mis en tête de réunir une trentaine de militants écologistes pour une semaine de méditation, cherchant à expérimenter sur nous un concept qui a de l'avenir : « le monastère-discothèque[91] ». Pour ce *crash test*, elle avait demandé à Martin Aylward de nous accueillir, en son moulin de Chaves[92] dans un écrin de Dordogne. Traversée par une rivière bordée de bambous, cette ancienne fabrique de bonbons a été convertie il y a quelques années en monastère bouddhiste avec ses deux temples baignés de lumière et une constellation de statues et petits monuments perdus dans la nature. Dès l'arrivée, tout invite à la contemplation, l'atmosphère apaisante s'impose, sourde aux vacarmes extérieurs. Le silence s'installe puis mobilise toute l'attention.

Martin est d'origine anglaise, il est arrivé à l'âge de dix-neuf ans en Inde et est tombé dans la pratique de Vipassana[93] pendant les cinq années suivantes, accompagné par des grands maîtres dont il a beaucoup appris. Depuis vingt-cinq ans, il enseigne

91. Elle vous explique tout dans *Pas Sage!*, Flammarion, 2019.

92. www.moulindechaves.org

93. Vipassana signifie *voir les choses telles qu'elles sont réellement*, c'est une technique de méditation indienne, en silence.

le Dharma[94] pour éveiller les gens à la pleine conscience, pêche dans le puits de son expérience les conseils pour les aider à améliorer leur pratique, et invente des mots frenglish pour les acheminer vers la lâteté (= présence attentive).

Marianne ne nous avait pas prévenus que nous passerions les trois premiers jours en silence total, alternant méditations assises, marches contemplatives, repas ou activités tranquilles sans jamais (la) mot dire. Après le dîner, néanmoins, juste avant la dernière assise, Martin proposait à ceux qui le souhaitaient de partager leurs ressentis, de lui poser leurs questions, afin qu'il puisse guider notre cheminement.

Cela me valut d'ailleurs, à la fin de la séance de témoignages le premier soir, un fou rire importun[95] : ceux qui s'étaient exprimés avaient presque tous évoqué le malaise de leur journée, la pénibilité de l'exercice dont ils ne voyaient pas l'intérêt tout comme ils ne comprenaient pas pourquoi le silence dut être si rigoureusement respecté, pour

---

94. Le Dharma est la loi universelle de la nature, qui s'exprime aussi bien en chacun de nous que dans le cosmos.

95. Que je ne pus expliquer que deux jours après aux autres puisque nous ne parlions pas.

confesser qu'ils appréhendaient déjà d'avoir perdu une semaine ou, pour plaisanter, laissaient entendre que la magie ne fonctionnait peut-être pas sur eux. J'avais de la peine pour Martin qui recevait, avec philosophie certes mais tout de même en pleine face, l'impitoyable réticence des débutants que nous étions. Et là, allez savoir pourquoi, je me suis imaginé la première fois où Siddhārtha Gautama, alias Bouddha, avait voulu présenter sa découverte à un groupe pour la tester :

« Eh, les amis, venez avec moi, j'ai un truc super à vous faire essayer ! »
Si ce groupe avait été le nôtre, il aurait renoncé.
Et tout ça, le bouddhisme, la méditation, les temples, cette culture qui compte des centaines de millions d'adeptes, n'aurait peut-être alors jamais existé.
Il s'en est fallu de peu. Heureusement qu'il n'est pas tombé sur nous.
Ok, ce n'était pas si drôle que ça.

C'était peut-être nerveux, ce rire, alors. Je réalisais sans doute simplement, en l'exprimant à ma manière, que je n'étais également que méfiance et résistance. Limite arrogance, préférant aborder par la dérision cette pratique que je ne connaissais pas, au lieu de me prêter au jeu humblement.

Imprégné de cet irrépressible sentiment de honte qui paralyse un peu lorsqu'on sort de sa zone de confort, des situations habituelles.

Martin avait bien senti, lors des présentations, que nous ne serions pas un groupe extraordinairement docile. Seulement une poignée d'entre nous s'était déjà prêtée à ce genre d'exercice, les autres, comme moi, étaient venus par curiosité, ne sachant pas vraiment à quoi s'attendre, essayant tant bien que mal de laisser leurs a priori d'activistes de côté.

Martin nous prit tous de court lors de son propos introductif[96] : « Comme beaucoup des gens qui vénèrent l'action, vous vous dites certainement que les contemplatifs sont des doux rêveurs, pour ne pas dire des fous ou des inconscients : alors que les crises de tout ordre assaillent la société, que la maison brûle, ils s'asseyent les jambes croisées, ferment les yeux et se donnent un mal incroyable pour surtout ne penser à rien. Le monde s'effondre et ils semblent heureux, détendus, ça vous paraît insensé.

---

96. À lire avec l'accent anglais si vous y arrivez. En marquant un temps à chaque ponctuation.

Mais vous êtes-vous déjà demandé ce que les contemplatifs peuvent bien penser en voyant des hyperactifs s'agiter dans tous les sens, sans cesse à la hâte, éternellement occupés à tenter de changer le cours des choses ?
Eh bien, ils s'interrogent sur la possibilité d'améliorer le monde quand on n'a pas les idées claires, quand sa pensée se laisse dicter, voire parasiter, par une émotion comme la peur ou des injonctions extérieures comme l'urgence, la performance. »

Et de rajouter, comme s'il voulait montrer qu'en plus de nous avoir coupé l'herbe sous le pied, elle était comestible : « Ma fille est l'une des fondatrices en Angleterre de Extinction Rebellion, j'ai moi-même participé aux blocages de Londres il y a quelques mois. C'était absolument fascinant, cette énergie, cette détermination, ces scènes de joie et d'amour en plein cœur du rapport de force. Vous verrez d'ici quelques jours que ce n'est pas du tout incompatible avec la méditation, bien au contraire. »

Il connaissait donc manifestement notre monde, c'était à notre tour de découvrir le sien.

En position.

Confortable, pas nécessairement en lotus, l'essentiel est simplement d'être bien ancré, relié au sol. Prendre le temps de ressentir les zones de contact, d'apprécier la chaleur en ces endroits.
Fermer les yeux.
Inspirer. Lentement. En prenant soin de visualiser le flux d'air, qui passe à travers les narines, descend jusqu'aux poumons qu'on sent se remplir, se remplir[97] tandis que les côtes s'ouvrent comme un accordéon, puis se fraye un chemin jusqu'au bas du ventre.
Et expirer. Relâcher toute la pression et faire le vide, dans son corps comme dans sa tête.
Et recommencer.

Je ne suis même pas ceinture blanche de méditation, mais avoir en mémoire ce petit enchaînement d'instructions me rassure ; si dérisoires qu'elles puissent paraître, elles sont la porte ouverte à des sessions d'exploration infinies d'un terrain presque inconnu : soi.

La respiration, c'est la base. Nous ne sommes que par elle, n'existons que parce qu'elle s'opère de manière irréfléchie. Spontanément, elle nous irrigue, nuit et

---

97. Il y en a deux.

jour, elle est là, constante. C'est dire si ce phénomène inné, inaliénable, est une ligne de vie, un filin qui nous accompagne, auquel on peut se raccrocher à tout moment pour recoller au sens de l'existence. Pour s'aligner, se centrer.

Très vite, on perçoit la difficulté de l'exercice : l'attention se dissipe, se laisse distraire. Des idées surgissent et prennent la place du vide, comblent le silence qu'on avait réussi à installer dans son esprit. Il faut parfois quelques (dizaines de) secondes avant de réaliser qu'on a perdu le filin, qu'on s'est laissé embarquer par ses réflexions.

Il faut alors relâcher l'idée parasite, la laisser repartir et réaiguiller sa concentration vers la respiration. Retrouver le filin, réaccompagner le flot d'air qui va, et vient, et ainsi de suite jusqu'à ce qu'une autre idée surgisse, ce à quoi il faudra répondre de la même manière. Encore et encore.

J'ai débloqué le premier niveau quand j'ai compris que c'était juste normal que des distractions interfèrent, que l'équilibre se rompe. C'est même le principe, l'objectif. Répéter des milliers de fois en séance de méditation ce travail de lâcher-prise – sentir une idée arriver, l'accueillir mais la laisser passer, sans la saisir –

est justement ce qui permet, dans la « vraie vie », de dissoudre les impuretés mentales, de moins subir les petits assauts du quotidien, de ne plus être à la merci de ses émotions.

On n'a rien sans rien, mais atteindre la racine commune de l'esprit et du corps mérite bien quelques efforts, non ?

Je ne m'attendais pas vraiment à ce que ça prenne sur moi. Mais dès le deuxième matin, j'étais dedans. La voix chaleureuse, les mots justes, Martin était l'interprète de ce que je ressentais, ce qu'il disait n'était qu'évidence, arrivait toujours au bon moment, comme s'il savait précisément où je me trouvais sur le chemin. Alors qu'au bout de quarante-huit heures, je commençais à bien ajuster ma focale sur la respiration, à rester concentré sur de longues durées et ne penser à rien, j'entr'aperçus l'érosion de mon intérêt. C'est le moment que Martin choisit pour nous donner la clé du deuxième niveau : « Il y en a peut-être qui commencent à se sentir à l'aise, qui arrivent à maintenir leur attention, toujours grâce à cette respiration ;[98] essayez, maintenant, de rester dans ce même état, de clarté, mais en vous libérant de votre

98. Ce point-virgule vaut trois silences.

respiration, laissez-la continuer naturellement, elle n'a pas besoin de vous, essayez de voir à l'intérieur. »

Et vlan, quelques minutes plus tard : connexion avec le cosmos pendant un seizième de seconde. Virgule extatique où me fut donné à voir ce qu'on ne sait pas décrire. Un truc comme le nirvana, j'imagine.
À cet instant, aucune ambiguïté n'était possible, j'ai su que, moi aussi, j'avais à portée de fermage d'yeux un univers infini à explorer, un accès permanent, sans artifices ni cérémoniels, à un esprit équilibré plein d'amour et de compassion, à une forme de bonheur ici et maintenant.
Ce n'est pas rien, de vivre une telle déflagration.

Je n'ai pas eu besoin d'en parler, avec les autres, pour comprendre qu'eux aussi avaient vécu quelque chose de fort. D'intime.

Martin[99] avait su, par sa sagesse, clairement[100], nous orienter dans notre transformation.
En quelques jours, il a fait tomber toutes mes résistances. De « c'est quoi ce trip de gourou ? En plus je veux pas dire, mais il répond quand même un peu à

99. Vingt-cinq ans d'expérience.

100. Je le proposerais bien pour le Conseil constitutionnel du coup.

côté de la plaque à nos questions, il a pas bien compris qu'il y a urgence », j'en arrivais à « non mais comment ce génie fait pour créer une telle atmosphère de bien-être, envoyer tant d'amour, ouvrir autant de chakras, avec si peu de mots ? »

Et cerise sur le gâteau, grâce à l'idée de Marianne, on a eu droit à un troisième niveau.
La célébration.
Maligne, comme elle savait que les personnes qu'elle avait réunies recelaient des pépites de créativité, d'intelligence, d'humour et d'entrain, elle avait proposé à ceux qui le souhaitaient, seul ou en groupe, de partager une proposition artistique lors des deux dernières soirées. À la limite de l'improvisation, qui retombe toujours sur ses pieds, le spectacle parvint à galvaniser la beauté qu'on avait tous déterrée au fond de nous pendant ces journées à méditer. Mémorable preuve de la puissance de l'intention.

En guise de bouquet final de cette saison 1 du monastère-discothèque, Claire, qui est prof de chant, nous métamorphosa en chœur polyphonique transcendantal et fit que par l'harmonie (relative, soyons modestes), nous déposâmes ensemble, au centre du cercle, nos espoirs et notre amour de l'humanité.

Elle arrêta net le concert dont la clameur était à son apothéose, et sans un mot, tout le monde s'assit pour une dernière séance, magique, de méditation.

*

* *

Difficile, quand on se sent investi d'une mission qui nous semble juste et nous dépasse, de ne pas céder au sentiment de l'urgence, de prendre le temps de se sentir bien et d'adopter une posture de bienveillance. Tout s'accélère et notre société multiplie les injonctions contradictoires de sorte que l'angoisse du futur et la peur de ne pas être à la hauteur apparaissent comme les premières rênes à portée de main, or elles sont incompatibles avec la sérénité à laquelle chacun est en droit d'aspirer. Heureusement il existe des outils, des techniques, qui permettent de trouver son bonheur ici et maintenant, indépendamment des conditions extérieures, et d'effleurer une qualité nécessaire à un avenir en commun désirable : l'empathie.

C'est un travail de tous les jours et je serais malhonnête si je prétendais y consacrer le temps qu'il faut, mais faire ce témoignage ici m'imposera à l'avenir, je l'espère, de persévérer dans cette direction !

– 9 –

Cadeaux

À la maison, il y a un petit studio, qu'on n'utilisait que quelques week-ends par an pour recevoir les amis. À quatre kilomètres de chez nous, dans Tours, il y a des sans-abris qui crèchent, hiver comme été, sur des bouches d'aération, sous des portes cochères, dans des parkings.
Cette observation croisée nous interpellait, fréquemment, en famille.

Dysfonctionnement structurel. Dans notre pays, il n'y a « que » 150 000 personnes sans toit[101], privées du loisir de rêver, mais les heureux propriétaires des près

101. https://www.francetvinfo.fr/societe/sdf/sans-abris-143-000-personnes-sans-domicile-fixe-en-france_2092433.html

de 3 millions de logements vacants[102] dorment sur leurs deux oreilles. Alors bien sûr, la réquisition d'une partie de ces logements sonnerait comme une atteinte au droit de propriété et, même si l'on se doute bien que ceux qui peuvent se permettre de ne pas louer un bien immobilier, qu'ils n'habitent pas, sont des sur-privilégiés financièrement, je doute qu'une telle disposition soit soutenue par l'opinion.

On s'accommode bien de l'inconsistance inique d'une fierté nationale, première fortune de France[103] qui a capitalisé, en un an, plus qu'il n'en faudrait pour régler à la fois les problèmes des hôpitaux, de l'éducation, des retraites et la reforestation de

---

102. Logement vacant : logement inoccupé se trouvant dans l'un des cas suivants – proposé à la vente ou à la location ; déjà attribué à un acheteur ou un locataire et en attente d'occupation ; en attente de règlement de succession ; gardé vacant et sans affectation précise par le propriétaire (logement très vétuste, etc.).
Comprendre qu'on ne parle donc pas des résidences secondaires ou logements occasionnels.
Sur la page de l'Insee, découvrez l'autre info fâcheuse : on continue d'en construire, toujours plus, bien qu'il y en ait déjà trop et en dépit de l'aberration écologique du BTP #OnsenfoutsiÇafaitduPIB.
https://www.insee.fr/fr/statistiques/3572689#consulter

103. Et du monde probablement, réalisé-je à l'instant, puisque Jeff Bezos (lui) vient d'annoncer son don de dix milliards pour « sauver la planète ».

l'Amazonie[104], causes pour lesquelles on aurait deviné qu'il ne ferait rien.
« Trop d'incompétents dans l'administration », et « n'est pas Notre-Dame la terre ! » Et puis « je paye déjà 50 % d'impôts, c'est énorme ». Pas suffisant, manifestement.

Triste destin des gens qui ne savent pas partager, comme des enfants qui ont trop de jouets mais ne

---

104. Bernard Arnault a vu sa fortune s'envoler de 30 milliards d'euros en 2019, pour atteindre 103 milliards[a]. À peu près ce qu'il faudrait pour régler le problème des hôpitaux (1 milliard de déficit en 2018[b]), de l'éducation (dont l'augmentation du budget entre 2019 et 2022, insuffisante, plafonne à 3 milliards d'euros[c]), des retraites (avec un déficit attendu pour 2025 qui oscille entre 8 et 17 milliards d'euros[d]) et de l'Amazonie (1 million d'hectares brûlés, ce qui pour donner un ordre de grandeur purement théorique, à 2 000 arbres/ha et 5 euros l'arbre, donnerait 10 milliards d'euros[e]).
a. https://www.forbes.fr/classements/fortunes/bernard-arnault-devient-la-deuxieme-fortune-de-la-planete/
b. http://www.leparisien.fr/economie/budget-2019-le-cri-d-alarme-des-hopitaux-29-10-2018-7930935.php
c. https://www.performance-publique.budget.gouv.fr/sites/performance_publique/files/farandole/ressources/2020/DOFP/Tire-a-part_DOFP2020.pdf
d. https://www.lesechos.fr/economie-france/social/le-deficit-des-retraites-attendu-entre-8-et-17-milliards-deuros-en-2025-1148688
e. https://www.ouest-france.fr/monde/bresil/bresil-la-deforestation-de-l-amazonie-bondi-de-85-en-2019-6691198

les prêtent jamais, prisonniers de l'« avoir » qui suffit à leur bonheur conditionnel, ils finissent par croire qu'ils sont vraiment supérieurs, puis par vivre en marge, de peur d'être dépossédés de ce qu'une société déréglée a bien voulu leur donner.

J'entends déjà certains hurler au raccourci, expliquant que je ne comprends rien à l'économie, que l'argent des ultrariches ne peut pas résorber toute la détresse du monde, mais c'est omettre une anomalie intrinsèque à notre fonctionnement : c'est cette élite, flou artistique entre le public et le privé, qui édifie les règles, décide comment on compte, rédige les lois, au point de nous entraîner parfois sur des terrains ridicules comme le symbole invraisemblable du « délit de solidarité[105] » qu'ils voulaient graver dans nos règles communes.

Comment faire confiance à des gens prêts à pénaliser la solidarité pour créer un modèle redistributif ?

---

105. À la suite de la condamnation en 2017 de Cédric Herrou, paysan de la vallée de la Roya qui hébergeait des migrants, pour « délit de solidarité », le Conseil constitutionnel a censuré plusieurs articles du Code de l'entrée et du séjour des étrangers, consacrant ainsi la fraternité comme principe à valeur constitutionnelle. https://www.lacimade.org/publication/delit-de-solidarite-guide/ Sur ce coup-là, heureusement que les neuf Sages veillaient. Je vous refais un petit poème pour dire que tout n'est pas tout noir ou blanc ?

Très chers milliardaires, vous n'êtes qu'une poignée à avoir pu quitter notre dimension, revenez-nous, rejoignez le mouvement de résistance fraternelle des humains en péril, arrêtez de croire que vous vous en tirerez cachés dans des bunkers sur vos îles, délestez vos poches, dont vous ne verrez plus jamais le fond. Tout le monde attend que vous ouvriez, ou que s'ouvrent malgré vous, les vannes qui laisseront ruisseler vos trop-pleins pour engager notre société sur le chemin de l'unité et de la réparation des écosystèmes. Quelques-uns d'entre vous ont déjà commencé, montrent la voie et s'en félicitent.
Faites comme eux, goûtez au plaisir ancestral de donner.

Religions comme statistiques le confirment : la solidarité et la générosité sont des sources infinies de bonheur[106]. Ce sont d'ailleurs des valeurs universelles, qui ne dépendent pas de l'état de son compte en banque, chacun de nous peut s'y essayer : le si désiré bonheur ne saurait se cacher dans des repaires réservés à certains !

Alors arrêtons, chacun de nous, de détourner le regard et comprenons que c'est bien la société qui

106. Non sourcé :-P

a un problème, lorsqu'elle laisse ses enfants dormir sous les ponts ; ce ne sont pas eux, ni leurs parents, le problème. Ils en sont les victimes. N'oublions plus jamais pourquoi des milliers de migrants décident de quitter leur pays : à cause de l'histoire, de siècles d'exploitation des ressources et des populations de leurs pays, « pauvres », pour le seul bénéfice de l'homme occidental (et d'une poignée de dictateurs et élites complices). Leurs souffrances sont les dividendes de notre niveau de vie. Nous n'en sommes pas responsables, c'est l'héritage que nous avons reçu en partage, mais nous n'en devons pas moins prier, ou plutôt crier, pour que notre politique étrangère d'aide au développement, un chouya présomptueuse, apprenne bientôt du passé pour ne pas reproduire *ad eternam* les mêmes erreurs. Pour qu'elle lâche son emprise néo-colonialiste dont la vraie motivation est de placer nos pions, pour qu'elle dote enfin l'Afrique, pour ne citer que ce continent, des moyens de trouver elle-même son chemin de développement et de résilience. Autonomie.

Et en attendant que nos prières soient entendues, nous avons de quoi nous occuper, avec tous ces jeunes et ces familles qui échouent sur nos trottoirs.
On ne peut pas aider tout le monde, mais tout le monde peut aider quelqu'un.

Dans chaque région de l'hexagone, des associations accueillent et accompagnent les réfugiés. Comme leurs milliers de bénévoles, qui ne sont jamais assez, chacun de nous peut donner de son temps.
Volontaire dans une association : en comptabilité triple-capital, c'est l'un des métiers les plus viables. En termes de capital humain, s'engager pour les migrants, la culture, le sport, l'éducation populaire, les paralysés, que sais-je, ça marque beaucoup de points. Moins tangible que le capital financier, investir dans le capital humain émancipe des indices bancals des économistes et aide à trouver quelques recoins dans le quotidien où se cachent la félicité et le sens de la vie.

Depuis deux ans, nous nous sommes offert ce plaisir d'accueillir dans le petit studio des mineurs isolés.
Avant, on se demandait, au dîner, comment il était possible qu'autant de jeunes dorment dans la rue. Maintenant, à table, on découvre leurs histoires de vie incroyables, nos enfants cultivent la diversité et, à force d'amour, de coups de main et de conseils, on arme le mieux possible ces pupilles du capitalisme, qui n'ont pas eu d'enfance et vont devoir ramer, et ramer encore, pour gagner leur futur.

Des associations comme Utopia56 – qui s'est chargée pour nos jeunes protégés, Hamé et Bakary, de toute la partie administrative, de leur fournir des vêtements et les accompagner au quotidien, de créer du lien entre toutes les familles d'accueil – il y en a forcément à côté de chez vous.
Et s'il n'y en a pas, ben j'ai envie de dire : go, créez-en une !

Parce que ce qui est certain, c'est que des migrants, ou des sans-abris, il y en a.
Si vous ne les voyez pas, ouvrez bien les yeux, les bons, et vous verrez, ils arrivent.
On leur a mis la misère, on ne va pas en plus les rejeter.
Des gouvernements indignes, comme la Grèce qui a expulsé et abandonné en mer plus de 1000 migrants début 2020, s'en chargent. Nous devons résister à cette inhumanité.

Hamé est arrivé du Mali à l'âge de quinze ans. Ses parents vivent dans un village du Nord-Est, sans électricité, ils n'ont pas de travail, juste une case. Il n'avait jamais vu un lave-vaisselle, jamais cassé un œuf, n'était jamais non plus allé à l'école. Maintenant il y va tous les jours, rattrape le temps perdu. Grâce à une petite cagnotte lancée pour lui, on a récupéré de quoi l'inscrire au club de BMX de chez nous, ils lui ont offert un maillot à son nom et aux couleurs de son pays. Ce qui ne l'a pas rendu malheureux.

Bakary vient de Guinée, nous venons de fêter ses dix-huit ans, il est en apprentissage de peinture en bâtiment et aussi souriant que déterminé. Débrouillard aussi, on s'en serait douté, il a assimilé en quelques mois une bonne partie des codes culturels de notre vieux pays. Il habite maintenant dans un appartement et vit sa vie, à Tours, où il est connu comme le loup blanc, toujours souriant.

Ils ont passé un an chacun avec nous, mais nulle obligation que ce soit si long. Et quand on n'est pas là, d'autres familles prennent le relais et deviennent hôtes, on s'arrange. C'est pas le bout du monde.
Ou si, en fait, mais à la maison.

Remarquez, si vous n'avez pas la place d'héberger quelqu'un chez vous et que vous ne pouvez pas faire de bénévolat dans une asso, il y a plus immédiat, à portée de téléphone ou de visite à un proche.
On a tous, à notre contact, des personnes qui ont besoin de soutien. Psychologiquement, physiquement, provisoirement. Ça paraît tellement bateau ce que je dis, mais combien de personnes sont enfermées, des

journées entières, parce qu'elles sont handicapées, malades, vieilles, déprimées, accros, prisonnières ? Vous en connaissez forcément.
Pour ceux-là, c'est peut-être vous le chemin du bonheur.

Dans une série dans l'air du temps, *Effondrement*[107], un épisode se passe dans une maison de retraite. Les équipes du service ont fui car tout le système économique est par terre et il ne reste plus qu'un seul soignant pour s'occuper de l'étage entier, dernière compagnie d'une quinzaine de vieillards plus ou moins amoindris. La scène, un quart d'heure de plan séquence, est absorbante : elle enveloppe dans un duvet de compassion où l'on comprend à quel point certains êtres humains n'ont plus rien.
Simplement les sourires et l'attention qu'on leur octroie.

La tendresse dont fait preuve ce jeune infirmier, l'humanisme qu'il incruste dans sa mission, son respect pour l'autre rendent la situation saisissante. On a envie de le soutenir, de le féliciter, de le prendre dans ses bras pour lui restituer ce qu'il donne.

---

107. Réalisée par « Les Parasites ».

C'est peut-être ça, le moins que l'on puisse faire à défaut de tout le reste : remercier les aidants, tous ceux qui dans les hospices, les hôpitaux, les centres d'action sociale, les écoles adaptées, les Esat[108], s'occupent de ceux que notre société ne veut pas voir. Service après-vente recueillant les fatigués et les accidentés de la vie.

À tout le moins, nous pouvons leur témoigner notre reconnaissance, les encourager, leur donner des doses d'amour pour qu'ils les redistribuent à leur tour. J'ai pondu ce chapitre avant le confinement, mais les applaudissements pour accompagner les personnels soignants, chaque soir à 20 heures au balcon, ont fait vibrer cette page qui attendait d'être publiée.

À l'instant où j'écris ces lignes, ma fille Iris est captivée par un album d'Astérix et ma femme, Elena, est allongée sur le canapé avec Léon, dans les bras. Il est handicapé de naissance. Son cerveau ne s'est pas développé normalement, les médecins ne savent pas poser de diagnostic mais affirment que ces cas sont de plus en plus nombreux. En riant jaune on pourrait dire que ce sont des maladies de la prospérité, que nos

108. Esat : Établissements et services d'aide par le travail, ce sont des établissements médico-sociaux de travail protégé, réservé aux personnes en situation de handicap et visant leur insertion ou réinsertion sociale et professionnelle.

modes de vie sont devenus toxiques, délétères. Léon ne parle pas, porte toujours des couches et présente de grosses difficultés psychomotrices. Elena, qui était avocate, a mis aussitôt sa vie professionnelle entre parenthèses. Pendant huit ans, elle s'est consacrée intégralement à ce petit prince pour lui offrir la vie la moins pénible possible.

Il est heureux, il rigole autant qu'il peut.

Les considérations de notre monde lui passent au-dessus de la tête, mais une chose le transperce : l'amour.

Et Elena, que je remercie autant que j'admire sa force mentale, y est pour tout.

Le pouvoir de donner, par Toutatis, quelle puissance !

*

* *

Être ou avoir ? Peut-être l'une des questions les plus fondatrices de notre société.

La réponse pourrait sembler évidente, mais trop peu de gens parviennent à mettre leur satisfaction personnelle en arrière-plan de leurs arbitrages. Derrière chaque personne aux anges dans un aéroport, fier au volant d'un gros 4x4 tout rutilant, se cache potentiellement quelqu'un qui se considère plus important que le reste de la population, qui assume (ou ignore) que son empreinte écologique sur la planète ampute la capacité d'autres humains à vivre juste décemment, avec le minimum pour être. Dès le plus jeune âge on nous l'enseigne : « Partage tes jouets ! C'est ainsi que tu te feras des amis et pourras passer de bons moments avec eux. » Pourquoi réserver cette philosophie aux enfants ?

– 10 –

Amour et rage

7 octobre 2019, 11 h 26. Jardins du Palais-Royal, Paris.

Avec Seymour, basculeur de la première heure, nous déambulons lentement entre les marronniers, guettant chaque passant jusqu'à repérer notre contact, assis avec trois compères face à une fontaine. Rejoints rapidement par une vingtaine d'autres personnes, nous tentons de ne pas trop attirer l'attention malgré l'attroupement qui se forme. À l'heure prévue, le référent reçoit par messagerie cryptée le point de ralliement général, et nous nous mettons silencieusement en marche.

Des mois que l'action se prépare.

Une trentaine d'autres groupes comme le nôtre convergent au même moment vers la place du Châtelet, se fondant incognito dans les rues de Paris, sauf une ou deux équipes repérées par des CRS, qui peinent à s'en débarrasser. Lucie, la plus jeune de mes sœurs, joue l'éclaireuse de l'équipe « matériel » et ouvre la voie à une camionnette remorquant un bateau entre porte d'Orléans et le pont au Change. On est tendus, mais excités. En marchant au pas de course sur le quai de la Mégisserie, j'aperçois au croisement suivant trois personnes, veste orange fluo et panneau « Sens Interdit » à la main, qui s'engagent sur la chaussée face à la circulation et commencent à dévier les voitures. Au même moment, derrière eux, le dernier camion passé s'immobilise au milieu de la voie, et une quinzaine d'activistes accourt pour le décharger du matériel qu'il transporte. Des bottes de paille sont installées en travers du quai et, dans la seconde qui suit, quelques vingt volontaires s'installent devant, assis en lotus, les yeux fermés, et commencent à méditer. Alors que nous arrivons à leur niveau, nous voyons une voiture de police forcer le passage des « vestes orange » et foncer, sirène hurlante, pour piler à un petit mètre des rebelles impassibles, les yeux toujours clos et l'air incroyablement détendu, Tian'anmen style.

Dépassé, le policier sort en criant à tout le monde de libérer le passage, sans grand succès.
« On s'installe ici, monsieur l'agent, on va rester un petit moment. »

Éberlué, il regagne son véhicule et part déconfit en marche arrière, tandis qu'un acrobate installe un trépied de trois mètres de haut au sommet duquel il suspend un hamac, avant de monter dedans, non sans avoir pris avec lui un drapeau « Extinction Rebellion » pour le hisser fièrement à l'extrémité du mât, porté par une rumeur extatique.

Le logo – un sablier dans un cercle, la Terre –, identifiable et plein de sens, s'est mis à fleurir sur les murs de grandes villes du monde entier, accompagné des slogans du mouvement de désobéissance civile né en mai 2018 à Londres : « Climate Action Now », « Quand l'espoir meurt, l'action commence », « Le monde appartient à ceux qui le rêvent beau », « Pour nos enfants », « Respect existence or expect resistance ».

Au fait de la course contre la montre climatique et conscients du peu de pouvoir dont nous disposons face à une oligarchie suicidaire, il ne nous reste plus énormément d'options. En désespoir de cause, notre corps est l'ultime « arme » dont nous disposons, donc à l'instar d'une Greta devant le parlement suédois ou des Gilets jaunes sur nos ronds-points, nous le posons dans l'espace public pour attirer les regards et détourner la trajectoire.

Sans violence. Définitivement.
Nous ne disons pas qu'elle ne surviendra pas, ni que l'État bougera sans elle, mais nous ne serons pas de ceux qui y participent. Lucides sur le capitalisme, nous ne croyons pas aux mirages de celui qui se dit vert, de la croissance responsable, ou que la technologie nous sauvera. Comme l'explique très bien Arthur Keller[109], il n'y a jamais eu, et n'y aura jamais, de découplage entre la courbe du PIB et celle de l'exploitation des ressources : l'équation est impossible à résoudre si nous ne « déconsommons » pas, si nous ne nous engageons pas dans la décroissance. Point barre.

Mais si le discours ne peut pas être mièvre, il ne doit pas non plus, selon nous, être agressif, belliqueux. Ça rebute la majorité des gens alors que l'objectif principal est justement d'être le plus nombreux possible, d'atteindre un seuil critique. Il y a mille manières de dire qu'il y a urgence, que le capitalisme est un cheval fou qui nous emmène droit dans le mur, mais la banderole « Mort au Capital » que quelques anarchistes, tout de noir vêtus, s'apprêtent à installer en haut de la colonne du Châtelet ne paraît à aucun de nous très créative ni engageante. Il nous faudra des heures de négociation

---

109. Arthur Keller, chercheur en risques systémiques, à découvrir dans *Next* : www.youtube.com/watch?v=kLzNPEjHHb8

pas particulièrement agréables pour les convaincre finalement de renoncer à l'accrocher.
Dans l'absolu, et de surcroît lors de ces opérations festives, nous souhaitons rendre le message poétique, le chanter, le peindre, le danser, nous devons interpeller, intéresser, surprendre, marquer les esprits. Bref, venez partager vos bonnes idées[110], je ne doute pas que vous en ayez et plus on est de rebelles, plus on rit.

La place du Châtelet se bonde rapidement, libérée des voitures, protégée par des centaines de militants assis qui, à chacune des sept voies d'accès possible, entonnent face aux CRS impavides des refrains désormais connus : « Et un, et deux, et trois degrés, c'est un crime, contre l'humanité », « Ne nous regardez pas, rejoignez-nous ! », « On est là, même si Macron ne veut pas, nous on est là », ou encore « Policiers, doucement, on fait ça pour vos enfants… » Tous les bloqueurs sur cette ligne de front, certains accrochés à des armlocks[111], sont

110. https://extinctionrebellion.fr/index.html#join-the-rebellion

111. Blocs en béton desquels sortent deux à cinq tubes de PVC, où les rebelles glissent leur bras et s'attachent à l'intérieur à l'aide de mousquetons. Ce dispositif, qui fait de la personne accrochée la seule à pouvoir se libérer, a pour fonction de ralentir considérablement l'évacuation par les forces de l'ordre.

prêts à se faire arrêter par la police, à subir une garde-à-vue et potentiellement un procès, ça fait même partie de la stratégie de médiatisation des actions de désobéissance civile.

Derrière eux, partout autour de la fontaine, sous les yeux de quelques curieux, des dizaines de volontaires s'activent pour aménager un univers convivial : quelques yourtes en bambou, de nombreuses œuvres d'art brut ou décalées, notamment le bateau arrivé à bon port, bariolé et posté fièrement au-dessus de la Seine, une cuisine participative, une consigne pour les effets personnels, un coin pédagogie[112] et mêmes des toilettes sèches ! En moins d'une heure, un microvillage sort du béton. L'ambiance est euphorique mais prévenante, des *peace keepers* font le tour des commerçants et des immeubles pour expliquer l'opération aux habitants, rassurer sur notre posture joyeuse totalement pacifiste et leur offrir de l'aide au hasard de leurs besoins. L'embouteillage qui se forme aux abords de la place est apparemment monstrueux (Google Maps aurait même inventé ce jour-là une nouvelle couleur pour

112. Avec notamment la Fresque du climat (www.fresqueduclimat.org) et le kit de Résistance climatique (www.resistanceclimatique.org/).

la rue de Rivoli : le noir), mais dans l'immense majorité, les automobilistes, bien qu'agacés, se montrent compréhensifs[113] et se fendent même parfois d'encouragements.

Au premier soir, les CRS nous annoncent qu'ils n'évacueront pas le campement, ce qui ne lasse pas de nous soulager tant la nuit froide et pluvieuse s'annonçait délicate avec une vingtaine de rebelles seulement à chaque barrage, qui n'allaient pas en mener large face à un régiment de gros bras armés. Le premier tour de force est réussi : nous prenons position en plein cœur de Paris, donnant des couleurs de résistance à ce point névralgique de la capitale, entre la Préfecture de police et l'Hôtel de Ville.

L'étonnante complaisance des policiers à notre égard pendant les cinq jours qui vont suivre nous permettent d'étoffer et égayer cette opération sans précédent, la Rébellion internationale d'octobre qui se déroule simultanément dans soixante grandes villes du monde : des assemblées générales ont lieu plusieurs fois par jour pour prendre les décisions importantes, des conférences sur le climat, la politique ou la justice

113. Les mauvaises langues diront qu'après tant d'années de travaux dans le centre de Paris, les conducteurs ont fini par s'habituer aux bouchons ;-)

sociale sont organisées, une cabane de Gilets jaunes pousse au milieu du camp, d'autres associations installent des bouts de stands, les tentes se regroupent et forment un véritable camping urbain, des fanfares et musiciens se relaient pour entretenir l'ambiance qui, malgré le crachin continu des trois premiers jours, reste chaleureuse et déterminée.
Amour et Rage.
Des motivés, parfois déguisés, portant drapeaux et pancartes, en profitent pour déborder de la place et se poster à des entrées de magasins de mode et de restaurants d'enseignes américaines, quand ce n'est pas pour en empêcher l'accès au moins pour informer les passants des raisons de notre présence et les inviter à réfléchir.

Le mouvement XR s'est constitué autour de quatre revendications à l'attention des dirigeants :

1. Dire la vérité, et donc reconnaître la gravité et l'urgence des crises écologiques actuelles par une communication honnête sur le sujet.

2. Réduire dès maintenant les émissions de gaz à effet de serre pour atteindre la neutralité carbone en 2025, grâce à une réduction de la consommation et une descente énergétique planifiée.

3. Arrêter immédiatement la destruction des écosystèmes océaniques et terrestres, à l'origine d'une extinction massive du monde vivant.

4. Créer une assemblée citoyenne chargée de décider des mesures à mettre en place pour atteindre ces objectifs et garante d'une transition juste et équitable.

Ces exigences peuvent paraître utopiques, mais comme on le dit souvent, les vrais utopistes sont ceux qui pensent que l'on peut continuer sans rien changer.

Remarquez, ceux qui ne veulent rien changer et sont aux manettes en ce moment, je les rangerais davantage dans la catégorie des menteurs que celle des utopistes. Leur position, pilonnée par les catastrophes climatiques, les alertes des scientifiques, les conflits d'intérêt qui gangrènent leur honnêteté intellectuelle, les désordres sociaux que cause leur politique, ne tient plus que par la répression. Alors que le gouvernement actuel transforme le droit à manifester en une expérience masochiste, que les lanceurs d'alertes sont persécutés, que la confiance démocratique est rompue depuis bien longtemps, nous n'avons plus d'autre choix que de désobéir, faire obstruction par tous les moyens à la marche délétère qu'on nous impose, et rendre cet acte visible et contagieux.

Chacun place le curseur de la violence au niveau qui lui semble correct, et si des dégradations matérielles dans les locaux de Blackrock franchissent la limite pour certains, d'autres répondent que les vraies brutalités sont ailleurs et autrement plus terribles, cachées derrière les activités opaques de ces firmes sans foi ni loi, qui jouent avec les chiffres comme s'ils n'étaient qu'abstraits, puisent sans compter dans les richesses du sol et exploitent sans ciller des populations entières.

Quand un flot de personnalités, respectées et appréciées pour leur tempérance ordinaire, soutient des opérations comme l'action coup de poing au siège du gestionnaire d'actifs américain[114], quand la justice acquitte des militants, traînés devant les tribunaux par des entreprises qu'ils ont bloquées, en concluant que l'inaction criminelle de ces dernières légitime cette

114. https://www.liberation.fr/debats/2020/02/17/apres-le-blocage-de-blackrock-nous-sommes-fier-e-s-de-cette-jeunesse_1778682

forme d'insurrection pacifique[115], quand l'aéroport londonien est empêché par la pression accrue des citoyens de dérouler son plan d'agrandissement, quand, enfin, 1 000 scientifiques appellent à la désobéissance civile[116], alors on peut dire que le pouvoir commence à changer de camp, pour celui de la raison. Que le rapport de force est sur le point de s'inverser.

Après cinq jours de blocage du Châtelet, nous décidons de lever le camp.

Pour quelques chroniqueurs retors, que nous n'ayons pas été embarqués par la police prouve l'inefficacité de notre action, selon eux nous ne dérangeons personne puisque les autorités nous laissent faire, nous serions les idiots utiles du système. Qui ne dérange pas vraiment ne change rien du tout. Ils brandissent en guise de démonstration l'essai de Peter Gelderloos *Comment la non-violence protège l'État*[117] et nous alpaguent régulièrement sans que l'on sache très bien si c'est pour nous convaincre de rejoindre leur côté

---

115. https://www.20min.ch/ro/news/vaud/story/xxx-xxx-27798302

116. https://www.francetvinfo.fr/sante/environnement-et-sante/dans-une-tribune-1000-scientifiques-appellent-a-la-desobeissance-civile-face-a-l-urgence-climatique_3833911.html

117. *Comment la non-violence protège l'État*, Peter Gelderloos, Éditions Libre, 2018.

de la force, ou nous accuser de ne pas réussir, nous non plus, à influencer le cours des choses. Cette ligne de crête violence/non-violence scinde les militants en deux écoles que le mouvement écologiste a pour immense défi de faire coexister dans une atmosphère de respect et de complémentarité, les uns faisant peur à l'État, les autres plus à même de rassembler les citoyens.

J'observe pour ma part que ce qui était inconcevable il y a trois ans devient possible aujourd'hui. Les initiatives engagées quelles qu'elles soient déplacent le centre de gravité des débats, préparent l'opinion publique aux déflagrations, fomentées ou subies, qui ne manqueront pas d'arriver.

Même si tout doit voler en éclats, je suis convaincu que seul l'amour nous sauvera. Et tant que c'est lui qui reste le maître mot, on peut même l'écrire avec le A cerclé de « Anarchie ».

*

* *

Personne ne peut tout faire, chacun doit choisir ses voies d'engagement pour un monde meilleur. Les plus faciles, façon petits gestes, sont les moins impactantes car elles n'impliquent que la personne qui les adopte, éventuellement sa famille proche. La sensibilisation, pour faire masse et parvenir à peser, que ce soit dans les urnes ou aux caisses des magasins, prend difficilement... On voit encore des conducteurs jeter par la fenêtre de leur voiture des cigarettes, à croire que toutes les campagnes pour la propreté (et contre le tabagisme) ne fonctionnent pas vraiment.

S'impliquer grâce à son métier ? C'est un idéal auquel peu de gens ont accès, les jobs à impact ne courent pas les rues.

Alors, avec ce qu'il nous reste, notre corps, cultivons la dernière option qui a fait ses preuves à maintes reprises par le passé : désobéissons, mettons-nous en travers de la marche du monde, du système. Affichons pacifiquement et avec détermination notre indignation, notre désapprobation.

PARTIE 4

En avant ?

« *La meilleure façon de ne pas avancer, c'est de suivre une idée fixe.* »

Jacques Prévert

« *Le meilleur moyen de prédire l'avenir, c'est de le créer.* »

Abraham Lincoln

Nous sommes des millions, partout dans le monde, à être conscients du cours tragique que prennent les événements, à constater que nos congénères s'habituent à l'inacceptable, que les verrous technico-économiques au changement sont trop solides pour nos petites mains. En fin de compte, nous sommes surtout légion à redouter que le cours des choses n'empire encore et que nous ne puissions, en réalité, rien y faire.

Sans le nier totalement, c'est contre ce sentiment d'impuissance que nous devons nous organiser, car c'est bien beau de vous raconter ce que j'ai pu tenter et qui n'a pas fonctionné, et c'est rassurant pour moi de partager quelques-uns de mes pis-aller, mais il y a peu de chances que cela nous mette en mouvement.

Au moment où j'écris, la Californie brûle comme jamais et les start-ups de la Silicon Valley ne vont pas se mobiliser, avec leurs idées de génie et leurs moyens, pour arrêter l'incendie. Cette nuit, le principal opposant politique russe a été empoisonné alors qu'aucune des institutions internationales ne semble en mesure d'enrayer l'ascension totalitaire de certains pays d'influence. Un migrant de 16 ans a été retrouvé mort sur une plage de Calais ce matin. Bienvenue en 2020, dans une journée classique d'une société qui bat de l'aile.

Impossible de rester indifférents, les bras croisés. Nous ne devons pas « continuer comme avant » mais « aller de l'avant » : tout doit changer, par respect pour nos enfants et pour notre humanité. Le défi est clair : nous devons réconcilier notre espèce avec toutes les formes du vivant.

Le cadre, aussi, est évident : face aux politiques stériles, ou plutôt néfastes, qui s'enlisent dans les ornières de leurs erreurs et peineront définitivement à les justifier, nous devons prendre le parti de l'action.

D'immenses chantiers nous attendent. Pour réhabiliter le capital naturel merveilleux de notre planète, déjà : préserver les écosystèmes existants comme les forêts ou les océans, réparer les dégâts de décennies d'industrialisation qui ont souillé les moindres recoins de la planète, régénérer des régions entières qui ne demandent qu'à reprendre vie.
Mais se lancer dans de telles manœuvres pour voir leurs effets détricotés par des politiques *as usual* n'a aucun sens, il convient donc en parallèle de reprendre la main sur le pouvoir et rendre aux citoyens la maîtrise de la démocratie, car ce n'est que dans une dynamique populaire d'union que la notion d'intérêt général pourra se révéler et jouer son rôle de boussole.

Comme il faut, malgré toutes les convictions qui nous animent, choisir ses « combats », je vais pour ma part m'impliquer dans deux directions, qui ne sont évidemment pas les seules possibles ou utiles, mais qui coïncident avec mon expérience et mes appétences. Posé comme un jalon de mon aventure de vie, je caresse l'espoir que cet essai, et plus précisément les deux chapitres qui vont suivre, pourront donner quelques idées à ceux qui les liront : on identifie un problème, on explore l'éventail des solutions, on écarte celles qui ne sont pas réalistes ou pas à la hauteur de l'enjeu, puis on ouvre les brèches vers celles qui, pour paraître complètement folles, offrent peut-être les plus belles perspectives.

Alors personnellement, je me mets désormais en mode double défi : on plante plein d'arbres, et on conquiert le pouvoir.
Au pire, ça marche.

– 11 –

Go to the roots

Quoi qu'en dise le président du Brésil, l'Amazonie brûle.

Les forêts d'Australie, de Sibérie, d'Afrique centrale, également. Plus que jamais. Ailleurs aussi, les sécheresses et canicules aidant. Alors qu'une étude récente (à prendre avec de grosses pincettes[118]) affirme que nous devrions planter des centaines de milliards d'arbres pour capter la majeure partie des gaz à effet de serre émis par les activités humaines depuis l'ère préindustrielle[119], on constate que nous allons dans le sens inverse : nous perdons chaque année

118. https://science.sciencemag.org/content/366/6463/eaay7976.full

119. https://www.sciencemag.org/news/2019/07/adding-1-billion-hectares-forest-could-help-check-global-warming

15 milliards[120] d'arbres dont nous ne « remplaçons » que le tiers.

Plutôt que reforester, la priorité absolue saute instantanément aux yeux : arrêter de détruire les forêts existantes en les préservant de l'appétit sans borne de notre modèle de développement, car rien qui soit créé par l'homme n'égalera jamais la perfection de la nature, et il est, en outre, globalement bien moins coûteux de protéger que de reboiser une terre dégradée. Du reste, comme l'explique parfaitement le botaniste Francis Hallé, prétendre créer des forêts en plantant des arbres n'a aucun sens : alors qu'elle est la principale garante de la résilience globale, « la diversité biologique est antagoniste de la rentabilité économique[121]. » Il y a donc très peu de chances que les actions de « reforestation », dont les opérateurs doivent s'inscrire dans une réalité financière, soient capables de créer des écosystèmes aussi performants et utiles que les forêts naturelles. Ne prétendons donc à aucun moment que les actions de plantation sont

---

120. https://www.wood-finishes-direct.com/blog/3-trillion-trees-on-earth-15-billion-cut-down-per-year/

121. https://www.lemonde.fr/idees/article/2020/08/15/ne-prenons-plus-les-plantations-d-arbres-pour-des-forets_6049004_3232.html

parfaites, ni même suffisantes, pour assurer un avenir à ce patrimoine mondial que sont les forêts. On peut prendre le problème par tous les bouts, seul le ralentissement des activités agro-industrielles et minières, ou plus largement la décroissance économique, pourront mettre un frein à la destruction des ressources et maintenir le terreau et l'atmosphère propices à notre avenir désirable. C'est un chantier politique titanesque, qui nécessite de remplacer le processeur de notre système et faire primer la protection des biens communs sur les profits du secteur privé, et pour l'instant, dire que ça n'avance pas dans ce sens est un euphémisme.

Toute importante soit-elle, la préservation des forêts se heurte donc à de nombreux obstacles que moi, ou vous, ne sommes pas en mesure de dépasser seuls à notre niveau. Qu'à cela ne tienne, il y a une autre voie à explorer : comme on constate que la gestion forestière, lorsqu'elle s'inspire de l'agronomie moderne, aboutit à de la malforestation (monoculture, déclin de la biodiversité...), il est urgent d'inverser notre approche et faire en sorte que l'agronomie s'inspire du fonctionnement des forêts, car elles seules sont capables de régénérer les sols, de produire leur propre fertilité, voire de créer un microclimat favorable à leur survie.

L'arbre est un miracle : il capte du carbone et augmente le taux de matière organique de la terre, abrite et entretient de nombreuses espèces de ses racines à la canopée, permet à l'eau de s'infiltrer et aux sols de ne pas s'éroder, produit des fruits ou de la matière utile à nos besoins. Le tout en autonomie complète, en offrant aux paysages beauté et diversité. Malheureusement, depuis les années 60 et l'avènement de l'agriculture industrielle, les arbres et les haies ont disparu de nos campagnes : les dirigeants de l'époque ont expliqué aux paysans que ces alliés n'en étaient pas, et les ont subventionnés pour raser tout ce qui dépassait, laissant le champ libre à la standardisation des pratiques agricoles. Les parcelles cultivées sont devenues des déserts plats et mornes, au grand désespoir des insectes, notamment, qui ont dû se rabattre sur les cultures… impliquant l'arrivée en masse d'insecticides et la disparition catastrophique des oiseaux de plaines, entre autres. C'est une partie de l'histoire de l'agriculture qui s'est écrite avec le remembrement, la suppression des bocages et des arbres champêtres ; une vraie révolution serait de les réhabiliter, cela s'appelle l'agroforesterie et cette technique dispose d'innombrables atouts qui nous invitent à la déployer massivement.

Naturellement pas n'importe comment, et il existe heureusement des spécialistes experts et passionnés qui expérimentent partout dans le monde des techniques adaptées à chaque contexte. Il y a par exemple des pépiniéristes qui garantissent l'origine locale de leurs plants d'espèces sauvages[122] et se concentrent donc sur les variétés les plus adaptées à leur territoire, ou encore une organisation anglaise qui vient récupérer sous nos latitudes françaises des semences d'essences d'arbres qu'elle commence à adapter à leurs latitudes pour anticiper les évolutions du climat[123].

En France, des centaines d'associations et opérateurs sont à l'œuvre sur le terrain et améliorent continuellement les pratiques de sélection, de plantation et d'entretien. Elles ont acquis et maîtrisent toutes les compétences sur lesquelles devra s'appuyer la mission qui nous incombe. Diffusée par des professeurs de tous niveaux et de toutes structures, expérimentée aux quatre coins du globe avec un succès grandissant, cette culture de l'arbre revient lentement mais sûrement dans l'air du temps et s'enracine peu à peu dans l'imaginaire paysan, et collectif.

---

122. https://afac-agroforesteries.fr/le-label-vegetal-local/

123. http://www.futuretrees.org/

La bonne nouvelle, c'est que l'argent ne devrait pas manquer pour ce chantier : au même titre qu'il a fallu trouver des masques « quoi qu'il en coûte » pendant la crise du Covid, quelques étés caniculaires encore et tous les gouvernants du monde chercheront des arbres « quoi qu'il en coûte », tant leurs bénéfices font consensus. Bien sûr, le secteur privé commence à réaliser combien il sera compliqué de faire du business dans un monde délabré, et va mettre la main au portefeuille pour protéger la biosphère. Mais c'est surtout des États et des collectivités locales qu'il faut s'attendre à une prise de conscience sans précédent. Tenus par l'Accord de Paris à diminuer d'ici 2030 de 40 % leurs émissions de gaz à effet de serre par rapport à 1990, ils devront enclencher des politiques de réduction drastique de la consommation énergétique, mais ne pourront jamais atteindre leurs objectifs s'ils ne captent pas également du carbone, notamment dans les sols. L'un des meilleurs leviers pour cela, c'est de planter des arbres, beaucoup d'arbres, en particulier dans les champs. Outre cet engagement « face à la loi », il y a fort à parier que la multiplication des catastrophes climatiques et le bond de leur intensité contraindront bientôt la France, et beaucoup de pays du monde, à débloquer des fonds en quantités inédites pour greffer de nouveaux poumons à la planète. Le maire de Tours récemment élu, Emmanuel Denis (EELV), rappelait qu'un arbre mature remplaçait 5 climatiseurs[124] et qu'à ce titre la commune envisageait d'investir dans le capital naturel et ces alliés du mieux-vivre.

Cela étant dit, le contexte en France fait que les acteurs de la filière n'ont pas, aujourd'hui, la capacité d'absorber la montée en charge qui se profile ; il s'agit d'une constellation de structures qui mènent leurs initiatives en parallèle, en se connectant et s'entraidant autant que possible sur des opérations parfois communes, mais qui restent malgré tout trop surchargées pour avoir le loisir de concevoir et surtout mettre en œuvre un projet qui les dépasse, un programme calibré sur l'ampleur du désastre, calé sur les vrais ordres de grandeur.

Les associations, qui mènent des chantiers parfois énormes, de centaines de milliers d'arbres, ne disposent pas des ressources humaines et structurelles pour envisager de compter en dizaines de millions, ce qu'il faudrait[125]. Et oui, bien entendu, il y a la place en France : sur les 28 millions d'hectares de la surface

---

124. https://detours.canal.fr/dapres-ingenieurs-planter-arbre-ville-remplace-5-climatiseurs/

125. Qu'on le veuille ou non, c'est bien de ces chiffres-là qu'on doit parler.

agricole utile (SAU), 2 millions sont directement convertibles à l'agroforesterie selon le ministère[126] (ce qui, avec une moyenne de cinquante arbres à l'hectare, en fait déjà 100 millions à planter), mais comme les chiffres officiels (« selon la Police ») à l'issue des manifestations, nous pouvons raisonnablement penser que le potentiel est largement plus important.

Au rythme auquel nous allons actuellement, il nous faudrait des décennies.
Nous n'avons pas ce temps, je creuse donc une idée depuis plusieurs mois avec Seymour, un jeune diplômé en quête de sens, rencontré à Pontivy et que vous avez « croisé » il y a quelques pages sur la place du Châtelet.

L'un des axes explorés par La Bascule est de créer des tiers-lieux pour accueillir, à terme, des centaines de volontaires prêts à donner de leur temps et s'impliquer pour un monde meilleur. Les dix mois de vie en communauté dans la clinique bretonne les ont convaincus d'une chose : vivre ensemble et se dédier à une cause d'intérêt général, pour peu que cela se fasse dans une atmosphère d'ouverture, de respect

---

126. https://www.agroforesterie.fr/documents/analyse_agroforesterie_CEP_Mapraat.pdf, 2012

et d'intelligence collective, est une expérience de transformation personnelle irréversible. La diversité et le potentiel de créativité, d'innovation, que l'on peut observer dans les tiers-lieux est sans limite. Ils sont le ferment de la société qui vient. Voilà le premier ingrédient de l'idée : créer des lieux communautaires.

Dans toutes les régions de France, il y a des bâtiments abandonnés et des friches qui dépérissent – gares, anciennes usines, casernes, couvents, établissements scolaires, centres de colonie de vacances, châteaux d'eau, ruines de fermes –, des biens à récupérer et à convertir à de nouvelles fonctions. Remettre un lieu en activité, c'est se donner un cadre et les moyens de l'action et de la coopération, c'est aussi offrir un couteau suisse aux habitants du coin pour redynamiser leur territoire, une machine à répondre à leurs besoins : tout s'envisage dès qu'on a trouvé le bon site, et il n'en manque pas !

S'il n'y a pas de bride à notre imagination, pourquoi alors ne pas envisager que certains lieux qui verront le jour dans les prochaines années se mettent, justement, au service de la plantation d'arbres ?
C'est le deuxième ingrédient de l'idée : créer des pépinières pour produire des centaines de milliers de plants.

En mixant ces deux ingrédients, cela donne des pépinières communautaires, participatives, un concept que nous avons baptisé « Communitrees ».

Pilotées par une équipe permanente, accompagnées par les experts locaux de la plantation d'arbres, ces pépinières accueilleraient toute l'année, en résidence, des volontaires logés et nourris qui seront formés à la récolte des semences sauvages et à la production des plants, qui iront sensibiliser les propriétaires fonciers aux bénéfices immenses de l'arbre et ainsi identifier des parcelles agroforestières en devenir sur lesquelles planter des arbres. Les bénévoles seront également mobilisés sur les chantiers de plantation et sur l'entretien des jeunes arbres.
5 missions pour un nouveau monde, engagements et impacts concrets de terrain.

Le premier ingrédient amène du « commun », des bras, de l'enthousiasme, de la fraîcheur renouvelable. Le second offre au premier une partie de modèle économique et une mission claire.

Mais comment mettre en place une telle idée et limiter ses angles morts ?

La dimension technique est primordiale : il faut établir un cahier des charges précis pour s'assurer des pratiques des pépinières, d'une sélection pertinente des essences d'arbres, du déroulement des plantations et de l'accompagnement de la croissance des arbres. Pour ce faire, un comité technique composé de professionnels de diverses structures de la filière (pépinières, associations de plantation ou d'agroforesterie, agriculteurs, forestiers, scientifiques) co-élaborera le programme et en garantira le sérieux et l'efficacité.
Un comité d'orientation établira et veillera quant à lui à faire respecter les grandes lignes stratégiques de Communitrees, notamment les questions de gouvernance, la dimension financière, les types de soutien souhaitables ou encore les axes de communication.

L'ancrage territorial est un autre facteur indispensable pour que la sauce prenne. Afin que les dynamiques soient portées par les citoyens eux-mêmes, on pourrait imaginer un appel à candidature ouvert à tous les porteurs de projet qui ont un lieu en vue[127], et la sélection se baserait sur la compatibilité dudit

127. Sachant qu'un tiers-lieu ou une pépinière déjà existante pourraient tout à fait être éligibles.

lieu, la motivation et les compétences de l'équipe, les partenariats indispensables acquis localement, que ce soit avec des experts techniques, un pépiniériste, une collectivité ou une agence du territoire, des propriétaires fonciers...

Avec une feuille de route solide et un processus de sélection ficelé, nous ne devrions pas avoir de mal à lever des fonds pour financer les premières pépinières en France[128]. Au lieu de vendre la plantation d'un arbre 8 euros, par exemple, nous chercherions des partenaires prêts à les payer 10, sachant que les 2 euros supplémentaires permettraient de faire tourner un tiers-lieu, d'offrir un cadre et une mission à des volontaires qui ne demandent pas mieux. Dans notre esprit, cette activité est typiquement de celles « qui doivent sortir de l'économie de marché », et nous espérons

---

128. Francis Hallé, avec qui j'ai parlé du projet, m'a dit que le summum serait de planter les graines directement dans la terre, à l'endroit où l'on veut voir pousser les arbres, sans passer par l'étape pépinière. Il explique qu'il n'y a pas plus résistant et vigoureux qu'un arbre qu'on n'a jamais transplanté. Mais d'avis d'experts de terrain, cette option paraît irréaliste à grande échelle à court terme, je n'ai d'ailleurs encore rencontré personne qui opère ainsi. Pour autant, les pépinières participatives pourront tout à fait confier à des volontaires le soin d'expérimenter cette autre technique.

sincèrement que l'État et les collectivités locales seront les premiers financeurs d'une telle démarche, les négociations ont débuté.

Objectivement, cette idée coche beaucoup de cases : elle permet de relier, très concrètement, le social et l'environnemental ; elle offre un terrain d'entente, à l'heure de l'*agribashing*, entre les agriculteurs et les citoyens, permettant aux premiers de prouver au grand public qu'ils œuvrent bien pour le climat et la biodiversité, et aux seconds de découvrir un univers qu'ils fantasment ; elle répond à une soif d'engagement concret et de reconnexion avec le vivant que ressentent des millions de personnes ; elle permet de former des milliers de personnes à un métier si nécessaire pour l'avenir ; elle n'est pas dogmatique et chaque tiers-lieu sera souverain sur ses méthodes de travail et d'accueil ; elle repose sur des partenariats avec des acteurs expérimentés ; elle promet un nouveau souffle au secteur des pépinières en perte de vitesse en ouvrant un nouveau champ d'activité ; elle peut sans mal se dupliquer à l'international et saura, réciproquement, s'inspirer des dynamiques d'autres pays.

*

* *

En réfléchissant aux différentes options professionnelles qui s'offraient à moi après avoir quitté Fermes d'Avenir, j'ai pensé à plusieurs pistes : développer avec des grandes villes des régies agricoles pour fournir les cantines scolaires en produits locaux et bio ; relancer le transport de passagers à la voile en ouvrant une coopérative maritime et quelques premières connexions (Brest-New York, La Rochelle-Rio, Marseille-Ajaccio, par exemple…) ; ramasser le plastique dans les espaces naturels et le valoriser en énergie ; créer une école pour enfants et adolescents handicapés car les prises en charge à l'heure actuelle sont terriblement à la traîne face aux besoins…

C'est finalement pour le projet de pépinières participatives que je m'active au quotidien, car j'ai en main suffisamment de cartes pour croire que c'est possible, et pense que le gouvernement et les maires (en particulier écologistes) récemment élus sauront s'en saisir pour avoir compris l'intérêt, au point où nous en sommes rendus, d'investir massivement dans le capital naturel.

Comme les autres options imaginées, cette initiative s'inscrit résolument en marge du modèle économique classique : nous postulons que ces enjeux sont majeurs, qu'y répondre n'est pas négociable (contrairement aux « règles » du marché) et que la puissance publique n'a pas d'autre choix que de s'y impliquer.

– 12 –

2022

D'une élection à l'autre, les promesses des candidats, non tenues par les mêmes une fois élus, deviennent la norme, elles composent la petite musique de la politique à laquelle on se plie sans s'habituer. On nous explique que les réformes prennent du temps, qu'on ne les comprend pas par manque de pédagogie, que les couleuvres sont comestibles et que le 49-3 est un outil constitutionnel efficace et nécessaire, mais en définitive ce que l'on observe n'est rien d'autre qu'un repli de la démocratie. En France, où les doléances populaires (et souvent majoritaires) portées dans la rue sont matées à coups de lacrymogènes et de LBD malgré leur bien-fondé, ou bien outre-Atlantique avec l'avènement du populisme dans un pays qui, depuis des décennies, impose unilatéralement son fonctionnement au reste de la planète.

Est-ce la voie que nous souhaitons pour notre monde ? N'a-t-on pas d'autre ambition face à la cause publique que d'être sempiternellement déçu et impuissant ?

Aujourd'hui, le spectacle auquel nous avons le droit de participer se résume à se laisser séduire une fois tous les cinq ans par un homme providentiel, subir une élection dont le résultat ne tient nul compte des votes blancs ou des mécontents, puis laisser les mains libres au gagnant avec sa majorité toute la durée du mandat, sans qu'il n'ait de comptes à rendre à personne. On parle de politique sans cesse dans les médias, les sujets sont posés, des pseudo-consultations organisées, les débats parfois enflammés maintiennent l'illusion de contre-pouvoirs, mais au bout du compte seule une poignée d'énarques et financiers décide. Et de fil en aiguille, les technocrates perdent l'assentiment du peuple : seul 1 % des Français s'intéresse avec enthousiasme à la politique française et 3 % lui font confiance, alors qu'ils sont 37 % à éprouver de la méfiance et 27 % du dégoût[129].

---

129. Sondage Cevipof, mars 2020. https://www.ladepeche.fr/2020/03/05/barometre-de-la-confiance-les-francais-toujours-mefiants-envers-leurs-institutions,8777469.php

Bien sûr, ils avancent que c'est nous qui décidons par les urnes, et nous opposent que nous ferions moins les malins si nous vivions en dictature. Mais justifier un état de fait parce qu'il existe pire ailleurs ne fait pas honneur aux générations de militants qui se sont battus pour que notre devise « Liberté, Égalité, Fraternité » soit plus qu'une suite de mots gravée sur le fronton des mairies ou des écoles.

Cette situation, qui ressemble à une voie dont la seule issue revêt les habits de l'extrême-droite intolérante ou du libéralisme décomplexé, ne peut pas être une fatalité car les années passant, ce sont les chances pour nos enfants de vivre dans un monde apaisé et résilient qui s'amenuisent.

Je ne suis expert de rien, mais j'ai bien compris la systémique des choses : tout est lié, et la gestion court-termiste qui caractérise nos dirigeants a pour avantage, du moins à leurs yeux, d'occulter tous les impacts à long-terme des décisions qu'ils prennent. Le temps de l'économie n'est pas celui de la nature ou des relations humaines, et en ne raisonnant que « PIB » et « croissance », les politiques s'épargnent les réflexions à trente ans, se dédouanant de la mission qui leur revient pourtant : donner un cap à leur pays.

Et quand par miracle une personne aux manettes s'entiche de l'intérêt général et essaie de faire bouger les lignes, force est de constater qu'elle n'y parvient pas : la démission mémorable de Nicolas Hulot un matin d'août 2018 a mis les pendules à l'heure, les lobbies sont partout, le profit comme seul arbitre. Ce n'est évidemment pas normal, mais pas si surprenant que cela : ceux qui pilotent le navire sont en bonne partie issus des mêmes cercles que les grands patrons, ils entretiennent une culture commune et veillent à conserver les privilèges que leur confèrent les lois qu'ils établissent ensemble.

Pour éviter cela, nous avons besoin d'un nouveau cadre et ses contours ne peuvent être définis par ceux qu'on entend le plus : ils ne sont en rien représentatifs de la population. Ils monopolisent les médias, se croyant à chaque apparition sur un plateau de plus en plus incontournables, agitant la plupart, en idiots utiles du système, les éternels chiffons rouges de l'insécurité ou du chômage pour ne jamais remettre en question le « modèle » économique capitaliste tout puissant qui en est responsable.
Pour esquisser ce nouveau cadre, nous devons nous faire une idée de ce qui est important pour les gens et des concessions qu'ils seraient disposés à faire, de ce qui aura la capacité de les rendre heureux et de faire

de leur passage sur terre une expérience agréable car, finalement, c'est bien le vœu que chaque humain est en droit de formuler.

En ce sens, l'aventure de la Convention citoyenne pour le climat (CCC), reposant sur le socle du tirage au sort, propose une méthode. L'intelligence collective fonctionne et les citoyens, dès lors qu'on les éclaire sur les enjeux, comprennent la gravité de notre situation et parviennent à identifier et se mettre d'accord sur des solutions, même radicales. Seulement, la CCC n'avait à traiter qu'une partie des problématiques, et même si les tirés au sort ont élaboré des propositions débordant le cadre strict du climat pour le relier aux questions sociétales dans leur ensemble, le mandat qui leur était confié était circonscrit à l'écologie. Pris en silo, les défis de notre temps ne trouveront que des réponses partielles et imparfaites, parfois même contre-productives.

À la veille d'un chaos climatique et des conflits qui ne manqueront pas d'en découler, en pleine pandémie mondiale qui donne une idée de notre vulnérabilité globale, en anticipation des bouleversements prévisibles au regard des millions de personnes qui vont devoir migrer… le tout à l'heure d'une information « tweeterisable » et manipulée, nos valeurs pour l'humanité ne peuvent plus être les mêmes que celles gravées dans un texte il y a soixante ans : il est urgent de se doter d'une nouvelle Constitution, d'écrire ensemble de nouvelles règles pour notre République.

Mais pour ce faire, nous devons parvenir à prendre le pouvoir dans le contexte en vigueur : faire élire à l'Élysée une personne acquise à la démocratie représentative et partisane d'une vraie révolution de système afin qu'elle fasse de cette transformation historique sa priorité, et s'arranger pour qu'elle dispose de la majorité parlementaire nécessaire à cette refonte profonde.
Une personne susceptible d'être élue et en phase avec une telle vision n'existe pas, il ne sert à rien de chercher parmi les challengers potentiels dont les noms circulent, ni parmi d'illustres inconnus car leurs chances sont nulles… en l'état actuel des choses. Mais nous sommes loin d'être résignés, nous sommes notre seule chance alors soyons fous, et surtout créatifs ; ne laissons pas à un Cyril Hanouna ou un Joachim Son-Forget, qui se déclarent tous deux potentiellement candidats, l'exclusivité de l'inattendu.

Une idée, que je pose ici, serait de prendre le problème dans l'autre sens : en partant des législatives plutôt que de la présidentielle. On voit bien ce que donne une majorité construite autour de l'ambition d'un homme, elle fossoie le débat pour plaire à Jupiter, elle brade l'esprit critique au nom de la loyauté. Dans ces conditions, la démocratie vacille en son cœur même. Construisons donc d'abord le renouveau démocratique au cœur des territoires, constituons, grâce aux outils d'intelligence collective à notre disposition, une légion de citoyens prêts à s'engager dans une aventure politique et à rendre son sens au mot « représentativité ».

Le mouvement municipaliste et les listes d'alliances transpartisanes qui ont réussi à prendre des mairies de grandes villes comme Marseille, Bordeaux, Tours, Poitiers et bien d'autres, à l'instar de Saillans ou Madrid avant elles, défrichent le sujet et montrent des manières efficaces d'administrer des collectivités en impliquant les habitants au quotidien. L'échelon communal, le plus logique pour qui veut se réapproprier la politique, présente néanmoins l'inconvénient de ses bons côtés : un mandat accessible et local n'a pas de prise sur des enjeux nationaux structurants, et le conseil municipal voit régulièrement ses ambitions bridées par le domaine restreint de compétences que lui laisse le Château. Il n'empêche, ces laboratoires *in vivo* permettent d'identifier des stratégies victorieuses pour les élections, de perfectionner les « civic-tech[130] », d'expérimenter différentes méthodes de prises de décisions collectives, de tester les processus dans toutes les situations pour vérifier leur robustesse.

Les prochaines élections locales qui désigneront les conseillers départementaux et régionaux en 2021 pourraient être l'occasion de prolonger cette tactique gagnante, et renforcer l'approche transpartisane articulée autour de valeurs humanistes et écologistes.

Ensuite viendra l'échéance fatidique, 2022. À préparer dès à présent.

Un avant-goût stimulant de ce que nous pourrions réaliser nous vient de « la plus grande démocratie du monde », puisqu'Alexandra Ocasio-Cortez[131] a été élue députée grâce à une dynamique parallèle, indépendante des partis. Des centaines de bénévoles

---

130. Ensemble des procédés, outils et technologies qui permettent d'améliorer le fonctionnement démocratique des sociétés et des communautés, en renforçant le rôle joué par les citoyens dans les débats et prises de décision.

131. Alexandra Ocasio Cortez, née en 1989, a été élue le 6 novembre 2018 représentante du 14e district de New York à la Chambre des représentants des États-Unis, devenant la plus jeune candidate jamais élue au Congrès américain.

de deux « Comités d'action politique[132] », qui s'étaient donné pour mission de changer le paysage politique étatsunien en renouvelant le Congrès, composé à 80 % de mâles blancs de soixante ans en moyenne, ont cherché des candidates potentielles au sein de la société civile, puis se sont démenés pour les faire élire d'abord lors de primaires démocrates, puis au Congrès. Sur les quatre de l'aventure, seule « AOC », comme on la surnomme désormais, a remporté son siège[133], elle n'en est pas moins devenue le cauchemar de Trump et une relève démocrate possible pour 2024. Bien sûr, ce scénario est plus plausible dans un pays bipartite, mais nous n'en sommes pas moins, ici aussi, « celles et ceux que nous attendions »[134] et nous devrions donc tenter quelque chose.

Pour avoir une chance que cela fonctionne chez nous, la population doit opérer une révolution des mentalités.

La politique d'appareils fait partie de notre ADN, la majorité des Français est dépolitisée, ne trouve pas le temps ou la motivation d'aller au fond des sujets, aussi

---

132. Le sigle donne CAP en français. Alors, cap ? Ou pas ?

133. À voir absolument, le documentaire *Knock down the house*, film de Rachel Lears sorti en 2019, qui a suivi toute cette histoire.

134. Slogan de #MaVoix, dynamique de candidatures citoyennes tirées au sort pour les législatives de 2017 en France.

importants que complexes, qui ne sont généralement traités par les médias que de manière superficielle et sensationnaliste. Les réseaux sociaux, qui pourraient être une voie de contournement, orchestrent l'entre-soi et confinent ceux qui sont sensibles aux pensées alternatives à des vases clos. Le rôle des journalistes serait de convertir ce signal faible, la repolitisation, en question essentielle, et certains le font heureusement, mais à creuser même sans forcer on comprend que, en raison d'enjeux financiers liés à la fabrique du consentement, les médias ne relaient pas de messages réellement menaçants pour l'ordre établi.

Avec l'intelligence collective, les médias alternatifs, les réseaux sociaux et d'autres supports innovants et décalés à inventer – une série, des happenings, de l'art de rue inspirant, des nudges –, mais aussi et surtout par le pouvoir de la vraie communication, de personne à personne, charge à nous de provoquer une déferlante de candidatures d'union, transpartisanes, aux législatives. Toute personne lassée de la politique traditionnelle mais qui garde espoir d'un monde meilleur peut dès maintenant se rapprocher des dynamiques existantes de sa région, s'impliquer pour que s'organise, dans sa circonscription, une candidature d'alliance. Si un mouvement de ce type se profilait, porté par un nombre suffisant de citoyens pour rendre la perspective crédible, nul doute que la vague induite serait susceptible de rebattre les cartes de la prochaine présidentielle.

Alors bien sûr, cela sous-entend que les directions des partis se mettent d'accord, puisque leurs niveaux de financement dépendent de leurs scores aux législatives... mais pour qu'un mouvement qui prétend vouloir rassembler puisse apparaître crédible, la première étape est déjà d'incarner lui-même le dialogue et le compromis. Le grand arc de gauche sera-t-il à la hauteur de cette nécessité ? Rien n'est moins sûr, mais rien ne sert d'espérer quoi que ce soit sans cela, donc il n'y a pas le choix, faute de quoi on connaît le résultat.
Cela implique, en outre, que les trop gros égos se mettent en sourdine, que les Jean-Luc ou autre Yannick ne réitèrent pas les erreurs passées en se croyant essentiels et irremplaçables, et en imaginant (peut-être sincèrement) que leur ambition personnelle puisse servir l'intérêt général et susciter un enthousiasme contagieux.
Arrêtons de raisonner comme avant, faisons plutôt confiance aux processus, incluons les citoyens et donnons-leur comme mission de se lancer sur la piste des convergences et du renouveau, les partis en simples (et nécessaires) supports.

Une fois ces pierres fondatrices ancrées sur le terrain, la désignation de la « tête de liste » pour les présidentielles ne sera plus qu'un détail, une petite affaire dans l'affaire qui s'inspirera d'ailleurs des dynamiques qui auront permis localement de faire émerger les futurs députés.

Nous pourrions même carrément envisager de porter une équipe complète au pouvoir.
Lors d'une campagne que nous rendrions inédite, inattendue, nous composerions collectivement le gouvernement idéal pour enclencher le renouveau politique espéré. L'homme providentiel n'existe pas, personne n'est expert de tout, n'est familier de l'ensemble des maux et recoins de la société, ce récit de la République ne prend plus. Actons qu'une bonne équipe vaut mieux qu'un mauvais candidat !

Avec des assemblées citoyennes sur les territoires, le programme s'écrirait de manière organique, accompagné de pédagogie pour faire comprendre les enjeux aux citoyens (tirés au sort ?) qui contribueraient à sa rédaction.

Au fond de moi... je me dis qu'il y a des chances que ça fonctionne :-).

*
* *

Et que feront, après, le ou la président(e), son gouvernement, les députés transpartisans ?
Je ne sais pas.

Rédiger une nouvelle Constitution grâce à une Assemblée constituante, sans doute. Mettre en œuvre les propositions des assemblées citoyennes locales, idéalement. Remplacer le PIB par un autre indice de bonne santé sociétale, renégocier les accords internationaux de libre-échange, instaurer un revenu universel, la parité des salaires ou des vacances générales deux mois par an façon confinement, pour voir ce que ça fait… L'histoire n'est pas encore écrite, et c'est précisément l'objectif : créer le contexte favorable pour la rédiger ensemble, en démocratie réelle et participative. Arriver avec un programme défini serait antinomique de la démarche qui ne peut être entreprise que par l'intelligence collective.

Et si ce n'est pas maintenant, alors c'est quand ?

On avait 20 ans pour changer le monde[135], il ne nous en reste plus que 18.
C'est donc à nous de jouer, c'est imminent, soyons prêts, le kairos s'invite.
Qui vivra verra et, d'ici là, en avant !

---

135. *On a 20 ans pour changer le Monde* est le titre de mon dernier essai, paru en 2018 aux Éditions Larousse.

CONCLUSION

Vous l'aurez peut-être remarqué, j'ai décidé de faire partie du camp des optimistes, même si, il faut l'avouer, ce n'est pas une posture simple à assumer sur la durée, c'est une démarche en soi. Le système apparaît indéboulonnable, il ne laisse qu'à une faible part de la population le loisir de réfléchir à l'avenir, à la complexité du monde, maintenant la majorité de nos congénères dans une simple position de consommateurs au cerveau disponible et quelques centaines de millions d'humains carrément en mode survie. Les militants écologistes, qui pensent toujours avoir raison seuls contre le reste du monde, ne remportent que peu de victoires face au pouvoir en place et se retranchent par erreur ou facilité sur des dissensions internes, se taclant entre eux pour n'avoir pas les mêmes stratégies et cherchant à décider qui a le droit, ou non, de s'exprimer ou expérimenter des alternatives.

Il faut être honnête, je ne suis pas sûr que nous arriverons à rendre demain meilleur qu'aujourd'hui. Mais conscients que notre système est déjà en cours d'effondrement, ne gaspillons pas notre énergie à le démanteler : émancipons-nous en pour nous concentrer sur le monde d'après, construisons l'avenir sur les ruines naissantes de « notre » civilisation qui approche sa date de péremption.

Tout est à inventer.

Notre ordre de mission : bien-être et résilience.
Nos outils : l'intelligence collective, l'encyclopédie du vivant.
Nos atouts : notre détermination, notre créativité et notre audace.
Notre conviction : il existe forcément un chemin, et nous n'avons d'autre choix que de le trouver.

Alors oui, bien sûr, c'est compliqué.

De savoir comment s'engager, de délaisser le seul monde que l'on connaisse et risquer de perdre le confort relatif qu'il nous prodigue, de résister à la doxa néolibérale et aux injonctions à consommer pour être respectable.

Ils nous expliquent qu'il n'y a pas d'alternative, qu'il faut travailler plus, que la croissance économique est essentielle, que les milliards de budget de l'armée sont nécessaires, que l'homme est un loup pour l'homme et peut dominer la nature.
Mais ils n'en savent rien, ils naviguent à l'aveuglette sans lunettes appropriées, ils n'ont aucune légitimité pour nous conter le futur.
Reprenons le pouvoir sur nos vies, nous n'en avons qu'une et ne partageons pas leurs lubies.

Aucune envie de conclure l'histoire, c'est juste le début.
On ne met pas de point final à un bouquin qui s'appelle *En Avant* !
D'autant qu'on ne sait pas encore vraiment vers où on va, on ne peut pas en rester là.
Seulement, maintenant, on va arrêter de parler et on va faire.

EN AVANT !

REMERCIEMENTS

Pour sa présence précieuse au quotidien et l'amour qu'elle fait rayonner dans notre famille, un immense merci à Elena. Pour leurs sourires, leur fraîcheur et leur avenir : Léon et Iris.

Une énorme pensée, ensuite, à tous ceux qui ont composé l'aventure de Fermes d'Avenir : les maraîchers Grégoire, Ben, Nico, Rachel, Tom, Coco ; les pionniers Claire, Gildas, Hélène, Francine, Linda ; l'équipe de compétition avec Pierre, Sophie, Marion, Marie, Marine, Bertrand…

Reconnaissance énorme à tous ceux qui m'ont inspiré, me donnent de l'espoir et m'encouragent à tracer cette route : mes parents, frère et sœurs, Nicolas Hulot, Pierre Rabhi, Cyril Dion, Valérie Cabanes, Pablo Servigne, Louis Albert de Broglie, Tristan Lecomte, Lucie Lucas, Christian Courtin, Jean-François Rial,

Marion Cotillard, François Lemarchand, Mathilde Imer, Hélene Médigue, Francis Hallé, Claire Nouvian, Arthur Keller, Delphine Batho, Julien Bayou, François Ruffin, Hélène Le Teno, Jean-Marc Gancille, Txetx Etcheverry, Clément Sirgue, Serge Orru, Ninon Lagarde, Raphaël Cornu-Thénard, Bruno et Isé du Cayre de Valjancelle, Édouard de la Mare des Rufaux, Elliot Lepers, Xavier Mathias, Ferdinand Richter, Arnaud Clément…

Un bon paquet d'ondes positives à l'attention du groupe de la péniche, notamment Gérard Feldzer, Pascale Rossler, Éric de Kermel, Matthieu Orphelin, et plein de lâteté de qualité à Marianne, Martin, Pauline, Gégé, Samuel, Vianney, Valérie, Théo, Lucie & David, Céline et les autres.

Tout mon soutien à Utopia56, Label Echoppe de Rochecorbon, la Rabouilleuse, We Love Green.

Une pensée sincère à Jérôme B. pour cette table ronde agitée, à Jouany pour cette aventure sur le plateau.

Big up à tous ceux qui avaient répondu présent pour l'An Zéro, et aux artistes qui me donnent en musique des raisons d'avancer : Kalune, Kaddour

Hadadi (HK), Gabriel Willem et, à jamais, Christian Olivier pour sa poésie et la couverture de cet ouvrage.

Merci aux relecteurs Bénédicte, Loïc, Sandrine, Nicolas, et à l'équipe de Michel Lafon.

Et enfin, un immense bravo et des millions de mercis à l'équipe de La Bascule : Cassandre, Seymour, Emma, Julia, Max de l'Ambiance, Tanguy(s), Mathieu, Agnès, Bastien, Julien, Pierre, Baptiste, Guillaume, Lena, Manon, Philéas, Arthur, Maël, Ingrid, Aurélien, Romain, Gaspard, Nicolas, Inès, Margot, Adrien, Alexis… ainsi qu'à ceux qui ont rendu cette dynamique possible : Gilles Carlac'h, la team Patte Blanche (David, Greg et Matthieu), toute l'équipe de l'Université du Nous (en particulier Marion, Lolo et Sam), ainsi que l'ami Benjamin Adler.

Trees, Love & Rage de vivre.

mAx

Table des matières

Composition

PRESS·PROD

Ce livre est imprimé en France,
par un imprimeur soucieux de préserver
l'environnement à travers des actions
d'économies d'énergie, de valorisation des
déchets, d'utilisation de produits moins nocifs
pour la santé des travailleurs.

IMPRIM'VERT
Votre imprimeur agit pour l'environnement

FSC
www.fsc.org
MIXTE
Papier issu de sources responsables
FSC® C003309

Imprimé en France
Dépôt légal : octobre 2020
N° d'impression : 3038627
ISBN : 978-2-7499-4302-2
Code LAF : 2912